咖啡館 Style

鬆餅大集合

6大種類×77道
選擇最多、材料變化最豐富！

咖啡館最受歡迎的
鬆餅都在這！

暢銷食譜作家、鬆餅高手
王安琪Annie ◎著

朱雀文化

烘焙的原動力──感動

簡單的鬆餅帶來滿足的喜悅

在進行這本鬆餅食譜的前置作業時，也正在閱讀日本近代最偉大的建築師之一──安藤忠雄的自傳，他出生於 1941 年的大阪，設計過許多世界著名的建築物，不只在日本，世界各大城市都有他的作品。書中提到影響他一生的良師益友，也提到他曾經遇到的困難，而最令我印象深刻的是，他對建築的喜好和熱誠，以及每次拜訪新的城市，都被當地特色建築「感動」的那一刻。

製作點心與蓋一棟建築所花的工夫和力氣不能相提並論，但我認為被感動的那個原點是相同的。對我而言，好吃的點心讓我感動、製作點心的工具讓我感動，甚至是大型的烘焙機具都讓我感動不已。讀了建築大師的自傳後我才知道，原來支撐我在點心創作這條路上繼續前進的，竟是「感動」！我想將這份感動分享給認識與不認識的人，因此將這些做法完整記錄下來，希望我的食譜能點燃讀者生活中的小火花，並帶來一絲絲的感動。

書中我介紹了五種鬆餅，其中兩種是來自於比利時的布魯塞爾鬆餅和列日鬆餅，兩種鬆餅的配方和做法都不同，口感也不盡相同。美式鬆餅是大家所熟悉的，不需要打發蛋，只要依照順序將材料攪拌完成，利用平底鍋就可以做出一片片好吃的鬆餅。銅鑼燒鬆餅使用了製作銅鑼燒的麵糊，特色在於材料中添加了米霖、米酒和蜂蜜，讓鬆餅特別鬆軟綿密，即使冷了也還保有柔軟度。另外，我還研發了運用東方特有的糯米粉來製作麻糬鬆餅，口感 QQ 的，非常美味。這個概念來自於日系麵包店的麻糬麵包，特有的黏稠感，讓鬆餅多了份嚼勁。

為了讓整本書更豐富，書中還設計了薄餅和醬汁的單元，如果不小心把鬆餅麵糊調得太稀了，或是打發蛋的步驟失敗了，沒關係，稀稀的麵糊很適合做成「法式薄餅」，很棒不是嗎？另外，書中示範了七種醬汁，隨心所欲自由搭配，讓鬆餅吃起來更美味！

再次感謝朱雀文化給我這個機會，讓我又完成一本心愛的食譜，同時還要感謝多年來總是協助我拍攝食譜的朋友 Lydia。而再次與攝影師阿威合作，看到他的女兒長那麼大了，才突然發現自己的確也不小了，還真有點傷感，此刻只能引用詩人山謬烏爾曼（Samuel Ullman）的詩句：「……青春不是人生的一段時光，青春是一種心境……」來當做安慰自己的話吧！

最後再次向所有喜歡這本書的讀者致謝，願你們的生活如同這本美味的鬆餅食譜，日日都甜蜜，年年都如意！謝謝你們～對於書中食譜有任何疑問，可與出版社聯絡，我很樂意為大家解答。

王安琪 Annie

目錄
Contents

Part 1.

布魯塞爾鬆餅
Brussels Waffle

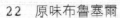

Part 2.

列日鬆餅
Luikse Waffle

Part 3.

美式鬆餅
Pancake

Part 4.

麻糬鬆餅
Mochi Waffle

Part 5.

銅鑼燒鬆餅
Dorayaki Waffle

Part 6.

法式薄餅
Crepes

如何操作鬆餅機？

市面上的鬆餅機種類很多，使用方式都略有不同，須詳讀操作手冊。第一次使用前務必用乾毛刷將烤盤上的灰塵刷落（圖1），開啟電源，讓機器空燒一遍，接著塗抹些許無鹽奶油（圖2），倒入麵糊進行加熱，加熱完畢後戴上隔熱手套，打開鬆餅機取出鬆餅，即可品嘗。另外，還有一種免插電鬆餅機（圖3），以瓦斯爐來加熱，加熱時需左右移動鬆餅機，以免受熱不均，其餘使用方式同一般鬆餅機。

製作完鬆餅後，用細頭海綿刷或是粗軸棉花棒擦拭烤盤即可（圖4），也可以在100c.c.的水中加入適量小蘇打粉，用來清洗烤盤，不需使用清潔劑。要確認油汙已擦拭乾淨，以免加熱過的油脂氣味影響下次的成品。烤盤內如果有麵糊沾黏，等到機器稍微降溫後，倒入少許的水軟化沾黏處，再輕輕地用海綿刷或棉花棒將烤盤清理乾淨，切勿著急地使用工具用力刮除沾黏物，這樣會導致烤盤的不沾塗層脫落，降低烤盤的使用壽命。

如果是活動式烤盤，可將烤盤取下，清潔起來會更便利。如果是非活動式烤盤，應避免在水龍頭底下直接沖刷烤盤，以免水流入機器內部的加熱管，間接造成機器損壞。機器外部如果有髒汙，直接以濕抹布擦拭即可。每次使用後，務必等到機器完全降溫後才可收起，最好將機器的包裝外盒保留起來，使用結束後方便收納。

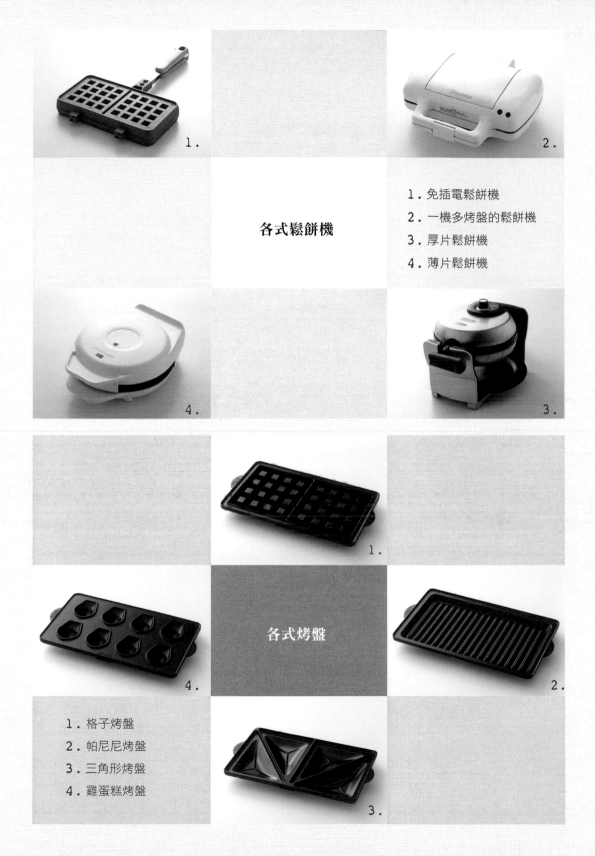

各式鬆餅機

1. 免插電鬆餅機
2. 一機多烤盤的鬆餅機
3. 厚片鬆餅機
4. 薄片鬆餅機

各式烤盤

1. 格子烤盤
2. 帕尼尼烤盤
3. 三角形烤盤
4. 雞蛋糕烤盤

認識基本工具

備妥工具,讓製作鬆餅更為順手、不易失敗,
以下這些工具,也是玩烘焙時必備的,看看自
己有沒有缺了什麼!

1.

2.

7.

8.

9.

3.

4.

5.

6.

10.

1. 攪拌盆、網狀攪拌器

選用寬口的攪拌盆，方便攪拌材料。
搭配網狀攪拌器，讓材料在盆內均勻
混合、糊化。

2. 磅秤

使用指針形磅秤或是電子磅秤皆可，
使用前先確認指針是否歸零。

3. 橡皮刮刀

一體成型、耐高溫的橡皮刮刀，可以
快速刮下盆邊殘留的麵糊。

4. 毛刷

耐高溫的毛刷，可以直接將奶油塗抹
於烤盤上，也可以用來刷落灰塵。使
用完畢後務必清潔乾淨，保持乾燥。

5. 平匙

用來抹平倒入烤盤的麵糊，也可以把
烤好的鬆餅翻起、取出。

6. 湯匙

將麵糊倒入高溫的烤盤時，可以用湯
匙直接將麵糊抹開，但不能使用塑膠
製等不耐高溫的材質製成的湯匙。

7. 量杯

測量液體材料，也可以將製作完成的
麵糊倒入量杯，再倒入烤盤內，麵糊
較不易流出。

8. 篩網

用來過篩麵粉及其他粉類，避免麵糊
結成顆粒狀，影響鬆餅的成品。

9. 量匙

測量少量的粉類、液體材料。

10. 隔熱手套

開啟鬆餅機時可能會有熱蒸氣冒出，
為了避免燙傷，建議戴上隔熱手套再
開啟鬆餅機。

認識基本材料

書中使用了低筋麵粉和高筋麵粉，低筋麵粉的筋度低，可以產生鬆脆度，適合製作蛋糕、餅乾；高筋麵粉可以製作出有嚼勁、口感佳的鬆餅。方便起見，讀者也可以將書中的低筋麵粉和高筋麵粉改為中筋麵粉。中筋麵粉是「全方位麵粉」，適合用來製作各式各樣的麵粉類產品，而且容易取得。

1. 糖

製作點心多使用細白砂糖，質純、顆粒細、容易溶解，是製作甜點不可或缺的材料。市面上還有一款風味特殊的「綿白糖」，風味溫純古樸，很適合製作麻糬鬆餅和銅鑼燒鬆餅。

2. 蛋

書中使用中等大小的蛋，帶殼重量約 50 ～ 55 克。如果配方中是以蛋的克數來標示，務必要測量精準；如果是以顆數來標示，選用中等大小的蛋即可。

3. 高筋麵粉

蛋白質含量較高，所以小麥蛋白的份量多，筋性也最強，適合用來製作麵包。食譜中的麻糬鬆餅使用了高筋麵粉，來增加鬆餅的咀嚼感。

4. 低筋麵粉

蛋白質含量低、溼度高，所以容易結塊，使用前務必要過篩，平常也要存放在冷藏室，並盡快使用完畢。低筋麵粉最適合用來製作口感鬆軟的鬆餅，書中的使用頻率也最高。

5. 糯米粉

糯米粉特殊的糯米質感無法以其他粉類取代，購買時須選擇水磨糯米。書中食譜都以粉類狀態做為秤重的標準，切勿直接以等重的液態糯米漿取代糯米粉。書中的麻糬鬆餅使用了糯米粉來製作。

6. 玉米粉

又稱玉米澱粉，製作點心時多用來勾芡醬汁。

7. 酵母粉

分為新鮮酵母、乾酵母和速發即溶酵母，不論使用哪一種，使用前須先確認包裝上建議的使用量，通常新鮮酵母的使用量是麵粉總量的2～3%，乾酵母是 1～1.5%，速發即溶酵母則是 0.7～1%。書中的列日鬆餅即酵母鬆餅，使用酵母粉取代泡打粉，延長麵糰醒麵的時間，製作出口感與風味都相當特殊的鬆餅。

8. 泡打粉

即是俗稱的「發粉」，大部分的泡打粉都含有硫酸鈉鋁，這是為了讓泡打粉與其他材料混合時產生起泡作用。建議使用「無鋁泡打粉」，可以減少攝取不必要的鋁，減少身體的負擔。製作美式鬆餅時一定要添加，這是因為美式鬆餅的蛋沒有打發，必須靠著泡打粉的起泡作用讓組織產生空氣，進而達到組織蓬鬆的效果。至於書中其他鬆餅，只要有打發蛋的步驟，則可以視個人習慣來決定是否添加。

9. 香草莢

呈深黑色條狀，使用前必須劃開，將香草籽刮下後使用，也可以使用液體香草精取代。

10. 牛奶

可以使用低溫殺菌後的冷藏鮮乳，或是高溫殺菌過的保久乳，甚至使用奶粉沖泡而成的牛奶也可以。牛奶最重要的功能是增加奶香味及提供滑順口感，如果想改用豆漿、羊奶也可以，但是不可使用米漿。

11. 豆漿

書中的麻糬鬆餅使用豆漿來製作，豆漿的風味與其他材料互相融合，特別可以創造出有口感的鬆餅。

12. 蜂蜜

鬆餅麵糊內添加蜂蜜，可以幫助鬆餅表面上色得更漂亮，也可以讓鬆餅特別香甜鬆軟，書中使用的是台灣龍眼蜜。

13. 奶油

使用低溫冷藏的無鹽奶油，其風味最香醇，攪拌鬆餅麵糊時，須先將奶油隔水加熱融化。奶油的融點低，只需很短的時間就會融化了。

14. 油

選擇油脂穩定的液態植物油，例如橄欖油、葵花油。

讓鬆餅更香濃的酒精類材料

加入酒精可以增加鬆餅的香氣，但若不方便添加也沒關係，
可以省略不用，或將酒精類的份量改以水或奶類來取代。

1. 紅酒

紅葡萄榨汁釀造成的酒，酒精濃度在
14% 以下，屬於輕度的酒精性飲料。
通常用來製作甜點的紅酒，都是使用
一般所謂桌酒（Table Wine）的等級。
紅酒可以搭配巧克力製作出濃稠的醬
汁，也可以用來浸泡乾果類食材，例
如葡萄乾、蔓越莓乾，甚至可以當做
麵包酵種。

2. 蘭姆酒

使用甘蔗在製糖過程中剩下的殘渣加
以蒸餾而成，又稱為利口酒，酒精濃
度約 40%。嘗起來略有糖蜜味，顏色
有深有淺，主要是受到產區的影響，
例如：牙買加產的味濃且辣，外觀呈
現黑褐色；波多黎各產的顏色淡卻有
香氣。適合加在蛋液中攪打，用來去
除蛋腥味和提升點心的香氣，也可以
用來浸泡葡萄乾。

3. 玫瑰紅

紅酒的一種，又稱為粉紅酒。和紅酒
主要的差異在於，玫瑰紅在釀造過程
中，葡萄皮與葡萄汁的接觸時間較
短，在果皮尚未完全釋放出色素將葡
萄汁染紅前，便迅速將兩者分離，所
以酒中的單寧酸較少。適合用來搭配
巧克力、浸泡莓果類食材，例如：小
紅莓、藍莓。

4. 白酒

與紅酒一樣，都是葡萄榨汁後釀造而
成，差異在於葡萄的品種和顏色。白
酒很適合搭配白巧克力、鮮奶油製作
醬汁，也可以搭配起司做成白醬。

5. 米酒

用米發酵蒸餾而成的酒，通常用於料
理，酒精濃度約 15%，依照產地和製
造廠商的不同而有所差異。書中用米
酒來調製銅鑼燒鬆餅的麵糊，可以去
除蛋腥味，增添香氣。

6．米霖

由糯米提煉而成，可以代替砂糖、味精，多用在料理上。但它具有保溼、提味和軟化蛋白質組織的功效，近年來被廣泛運用在烘焙上，可以讓麵粉製品的外觀漂亮上色，也可以讓組織變得更綿密。

7．卡魯哇

以甘蔗提煉，再加上咖啡原豆調味而成，酒精濃度約 20%，多用來製作調酒。很適合與巧克力、咖啡搭配烘焙出香氣濃郁的糕點，或是加在巧克力醬裡面提味。

8．啤酒

由麥子釀造而成的酒，酒精濃度約 5% 左右。啤酒可以代替部分的水用來揉製麵糰，製作需要發酵膨脹的麵點。

15

檸檬優格奶醬
Lemon Yogurt Sauce

材料 Ingredients

卡士達醬 250 克（做法參照 P.19）、原味優格 150 克、檸檬汁 50c.c.

做法 How To Make

01. 檸檬榨汁。（圖 1）
02. 加入卡士達醬和原味優格，攪拌均勻。（圖 2）

萬用鬆餅醬汁

香緹鮮奶油
Crème Chantilly

材料 Ingredients

鮮奶油 300 克、細糖 30 克

做法 How To Make

01. 把鮮奶油、細糖倒入攪拌盆中混勻。
02. 用網狀攪拌器快速攪拌，直到材料可以附著在打蛋器上，呈「8分發」的狀態。（圖 1）

鬆餅 MEMO

在做法 02 底下墊一盆冰塊水會更好打發。7分發的程度是指鮮奶油開始從液體變成固體的階段，會緩慢地向下滴流，適合製作慕斯蛋糕；8分發的程度最適合當做夾餡或用來塗抹。如果繼續攪打讓鮮奶油更硬挺，則適合製作擠花等裝飾。製作香緹鮮奶油時，可使用乳脂含量 35 ～ 38% 的產品。（圖 2）

巧克力甘納許
Chocolate Ganache

材料 Ingredients

苦甜巧克力 150 克、鮮奶油 150 克
（乳脂 35 ～ 38%）

做法 How To Make

01. 將鮮奶油倒入小湯鍋中，以小火加熱。
02. 巧克力切碎放入盆中，把做法 01 一口氣倒入。（圖 1）
03. 用木匙小幅度輕輕攪拌，材料混勻後，繼續攪拌至光滑如絲狀。（圖 2）

鬆餅 MEMO

如果沒有立刻使用，可以放在冰箱冷藏，冷藏過後的甘納許會凝固，要使用時須放在廚房溫暖處退冰，不可以隔水加熱或用攪拌器攪打。

白巧克力甘納許
White Chocolate Ganache

材料 Ingredients

白酒150c.c.、白巧克力100 克、鮮奶油50 克（乳脂 35 ～ 38%）

做法 How To Make

01. 將白酒倒入小湯鍋，以中小火加熱至沸騰。（圖 1）
02. 白巧克力切碎放入攪拌盆中，把做法 01 一口氣倒入。（圖 2）
03. 用木匙小幅度輕輕攪拌，材料混勻後，加入鮮奶油混合，攪拌至光滑如絲狀。（圖 3）

鬆餅 MEMO

須注意的地方同巧克力甘納許。

新鮮水果漿
Fresh Jam

材料 Ingredients

覆盆莓 600 克、檸檬汁 60c.c.、冰糖 300 克

做法 How To Make

01. 覆盆莓放入盆中，加冰糖浸泡至隔天，建議放入冷藏。（圖 1）
02. 把做法 01 的材料、檸檬汁倒入大鍋內，用中火慢煮，直到材料沸騰，煮的過程要不時用木匙攪拌。（圖 2）
03. 沸騰後轉小火，讓糖水煮出黏稠狀，當糖水濃縮至原本的一半量時，關火等待降溫。（圖 3）
04. 覆盆莓果漿透過篩網瀝到碗中，剩餘的果肉放在另一個碗，分開保存。（圖 4）

英式奶油醬
（安格蕾醬汁）
Sauce Anglaise

材料 Ingredients

香草莢 1/2 根、牛奶 250c.c.、蛋黃 3 個、細糖 50 克

做法 How To Make

01. 沿著香草莢縱向劃一刀，刮下香草籽，放入小湯鍋內與牛奶混合，被刮開的香草莢也放入，以中小火加熱。（圖 1）
02. 將蛋黃和細糖放入乾淨的攪拌盆，用網狀攪拌器仔細打勻，直到材料變濃稠、顏色變淡。（圖 2）
03. 把 1/2 熱好的做法 01，透過濾網倒入做法 02，迅速攪拌均勻後再倒回湯鍋中，以中小火加熱。改用木匙不停地擦底攪拌，防止材料凝固成糰。
04. 當材料加熱到溫熱時（約 80 ～ 85℃），關火繼續攪拌，直到醬汁可以附著在木匙上。（圖 3）
05. 使用濾網過濾至另一個盆中，隔冰水攪拌降溫，之後即可使用或是冷藏保存。（圖 4）

鬆餅 MEMO

這款水果漿可以做為鬆餅的醬汁，果醬則可以廣泛運用在甜點中。把水果漿倒入玻璃罐中，放冰箱冷藏保存可以保鮮 1 個月，記得在罐上註明製造日期，以免超過保鮮期限。除了覆盆莓外，也可以使用鳳梨、小紅莓、大小藍莓、蔓越莓來製作。

卡士達醬
Custard

材料 Ingredients

香草莢 1/2 根、牛奶 500c.c.、蛋黃 6 個、細糖 120 克、低筋麵粉 30 克、玉米粉 20 克、君度橙酒 30c.c.。

做法 How To Make

01. 沿著香草莢縱向劃一刀，刮下香草籽，放入小湯鍋內與牛奶混合，被刮開的香草莢也放入，以中小火加熱。（圖 1）

02. 將蛋黃和細糖放入乾淨的攪拌盆，用網狀攪拌器仔細打勻，直到材料變濃稠、顏色變淡。（圖 2）

03. 低筋麵粉和玉米粉混合過篩後加入，仔細攪拌均勻。（圖 3）（圖 4）

04. 把 1/2 熱好的做法 *01*，透過濾網倒入做法 *02*，迅速攪拌均勻後再倒回湯鍋中，以中小火加熱，用網狀攪拌器不停擦底攪拌，直到材料像岩漿般冒泡沸騰。（圖 5）（圖 6）

05. 關火，加入君度橙酒拌勻，把材料放在另一個攪拌盆，隔冰水攪拌降溫，降溫後即可使用，或是放在冰箱冷藏備用。（圖 7）

鬆餅 MEMO

君度橙酒屬於再製酒的一種，材料有酒精、糖和橙皮，可說是烘焙界使用最廣泛的酒，它的果香濃郁、味道獨特，不論是製作醬汁、調拌麵糊或是浸泡葡萄乾等，都有獨特的芬芳，無可取代，酒精濃度約 40%。

Part I.
布魯塞爾鬆餅
Brussels Waffle

屬於比利時鬆餅的一種，布魯塞爾鬆
餅的特色是方形格子狀，口感比較紮
實且甜度高。

TIP

製作鬆餅前，看這邊！

● 倒入麵糊前，烤盤須插電預熱。

● 準備份量外的無鹽奶油，隔水融化，再用毛刷塗在烤盤上。

● 調理好的麵糊靜置一段時間，材料會融合得更好，這個步驟稱為「醒麵」，靜置鬆弛的時間至少 30 分鐘。使用醒麵過的麵糊製作出來的鬆餅，不論口感或是顏色都會特別好。

● 加熱時勿讓家中幼兒靠近，以免被熱蒸汽燙傷。

● 停止加熱後烤盤溫度仍非常燙手，拿取鬆餅時須戴上隔熱手套，避免燙傷。

● 吃不完的鬆餅可以放入塑膠袋或保鮮盒，冷藏保鮮可放 2 ～ 3 天，想吃的時候再使用電鍋微加熱即可。外鍋的水量 1/2 杯，每次加熱 2 ～ 4 片。

原味布魯塞爾

Original Flavor
Brussels Waffle

材料 Ingredients

❶ 蛋 1 個、細糖 40 克、天然香草精 1/4 小匙

❷ 無鹽奶油 20 克（隔水融化）、牛奶 40c.c.、君度橙酒 10c.c.

❸ 低筋麵粉 100 克、泡打粉 1/2 小匙

份量 Serve

3 片，正方形厚片

鬆餅 MEMO

材料必須攪拌均勻，鬆餅的質感才會更為細緻。

做法 How to Make

01. 材料 ❶ 放入乾淨的攪拌盆，用電動攪拌機快速攪拌，直到材料顏色變淡、體積膨脹，也就是俗稱的鬆發狀態。（圖 1）

02. 慢慢加入材料 ❷，輕輕攪拌均勻。（圖 2）

03. 材料 ❸ 混合過篩後加入，輕輕攪拌成滑順的麵糊。（圖 3）

04. 麵糊蓋上保鮮膜，靜置鬆弛 30 分鐘，進行醒麵。

05. 鬆餅機預熱，預熱完成後，用毛刷沾取少許無鹽奶油塗抹在烤盤內。（圖 4）

06. 倒入麵糊鋪平，蓋上機器上蓋進行加熱。（圖 5）（圖 6）

07. 加熱完畢後戴上隔熱手套，打開鬆餅機取出鬆餅，即可品嘗。（圖 7）

原味的布魯塞爾鬆餅，
適合搭配各式醬汁。

加入了玉米脆片，小朋友一定會愛上它！

早安布魯
Good Morning Brussels

材料 Ingredients

玉米脆片 30 克
❶ 蛋 1 個、細糖 40 克、天然香草精 1/4 小匙
❷ 無鹽奶油 20 克（隔水融化）、牛奶 40c.c.、君度橙酒 10c.c.
❸ 低筋麵粉 100 克、泡打粉 1/2 小匙

份量 Serve

3 片，正方形厚片

鬆餅 MEMO

玉米脆片可以選擇個人喜愛的口味添加，例如巧克力、高纖或是無糖等。把熟悉的玉米脆片加入麵糊內，讓早餐變得不一樣，提振一整天的活力！

 做法 How to Make

01. 材料 ❶ 放入攪拌盆，用網狀攪拌器用力攪拌，直到材料顏色變淡、體積膨脹。

02. 慢慢加入材料 ❷ 拌勻，材料 ❸ 過篩後加入拌勻，最後加入玉米脆片拌勻即成麵糊。

03. 麵糊蓋上保鮮膜，靜置鬆弛 30 分鐘。

04. 鬆餅機預熱，預熱完成後，用毛刷沾取少許無鹽奶油塗抹在烤盤內。

05. 倒入麵糊鋪平，蓋上機器上蓋進行加熱。

06. 加熱完畢後戴上隔熱手套，打開鬆餅機取出完成的鬆餅，即可品嘗。

輕食布魯

Light Meal Brussels

材料 Ingredients

小黃瓜 20 克、新鮮百里香末 1/2 小匙
❶ 蛋 1 個、細糖 10 克、天然香草精 1/4 小匙
❷ 無鹽奶油 20 克（隔水融化）、牛奶 40c.c.、
君度橙酒 10c.c.
❸ 低筋麵粉 100 克、泡打粉 1/2 小匙、細鹽
1/4 小匙、黑胡椒粉 1/4 小匙

配料
市售千島醬、火腿、起司、蕃茄、生菜適量

份量 Serve

3 片，正方形厚片

鬆餅 MEMO

配料可以選用自己喜愛的食材，像是
培根、鮪魚、橄欖等都是不錯的選擇。

有點餓又 不太餓時，
來份鬆餅三明治，吃
得清爽、無負擔。

做法 How to Make

01. 小黃瓜切小丁，備用。

02. 材料 ❶ 放入攪拌盆，用網狀攪拌器用力攪拌，直到材料顏色變淡、體積膨脹。

03. 慢慢加入材料 ❷ 拌勻，材料 ❸ 過篩後加入拌勻，最後加入做法 *01* 和百里香末拌勻即成
麵糊。

04. 麵糊蓋上保鮮膜，靜置鬆弛 30 分鐘。

05. 鬆餅機預熱，預熱完成後，用毛刷沾取少許無鹽奶油塗抹在烤盤內。

06. 倒入麵糊鋪平，蓋上機器上蓋進行加熱。

07. 加熱完畢後戴上隔熱手套，打開鬆餅機取出完成的鬆餅，放在乾淨的砧板上。

08. 生菜洗淨瀝乾、蕃茄去蒂頭切片。

09. 在鬆餅上淋上千島醬，另一片鬆餅依序疊上火腿、起司、蕃茄和生菜。

10. 將兩片鬆餅相疊，以鋸齒刀切成三角形，即可品嘗。

將吐司沾滿香草蛋汁製作
而成的鬆餅，屬於法式鬆
餅、比利時鬆餅的混血版！

幸福布魯

Happiness Brussels

材料 Ingredients

吐司 4 片
❶ 蛋 1 個、細糖 40 克、天然香草精
1/4 小匙
❷ 無鹽奶油 20 克（隔水融化）、牛
奶 40c.c.、君度橙酒 10c.c.

配料
香緹鮮奶油 100 克（做法參照 P.16）、
草莓 8 顆

份量 Serve

4 片，正方形厚片

鬆餅 MEMO

利用吐司柔軟的質感，把原本只是
平面的鬆餅變得立體又有趣。吐司
的香氣和質感是這款點心的重點，
因此務必選購香氣和柔軟度兼具的
厚片吐司。

做法 How to Make

01. 吐司切去 4 個邊。草莓切掉蒂頭和尖端
的尾部。

02. 材料 ❶ 放入攪拌盆，用網狀攪拌器用力
攪拌，直到材料顏色變淡、體積膨脹。

03. 慢慢加入材料 ❷ 拌勻即成香草蛋汁。

04. 將吐司平均地浸泡在做法 03 內。（圖 1）

05. 鬆餅機預熱，預熱完成後，用毛刷沾取
少許無鹽奶油塗抹在烤盤內。

06. 把吐司放入烤盤中，蓋上機器上蓋進行
加熱。

07. 加熱完畢後戴上隔熱手套，打開鬆餅機
取出完成的吐司鬆餅。

08. 等鬆餅完全降溫後，取一片塗抹適量的
香緹鮮奶油，放入鋪有保鮮膜的長條形
模型內，整齊擺放草莓，另一片鬆餅也
抹上香緹鮮奶油。（圖 2）

09. 將兩片鬆餅相疊，以保鮮膜包緊之後放入
冰箱冷藏，待形狀固定，即可切片品嘗。
（圖 3）

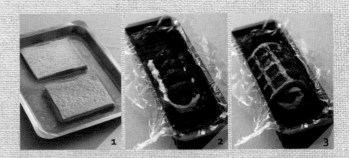

1 2 3

充滿清新的
柳橙香氣！

香頌布魯

Chanson Brussels

材料 Ingredients

柳橙 1 個
❶ 蛋 1 個、細糖 40 克、天然香草精
1/4 小匙
❷ 無鹽奶油 20 克（隔水融化）、牛
奶 40c.c.、君度橙酒 10c.c.
❸ 低筋麵粉 100 克、泡打粉 1/2 小匙

份量 Serve

3 片，正方形厚片

鬆餅 MEMO

柳橙片在遇熱之後糖分釋出，表面
會出現焦化現象，這正是好吃的祕
訣。而鬆餅內飽含的柳橙香氣也是
整款點心的重點，因此須備好柳橙
皮末。

 做法 How to Make

01. 柳橙皮黃色部分先刨成末，然後將柳橙去皮、去籽，切成片狀。

02. 材料 ❶ 放入攪拌盆，用網狀攪拌器用力攪拌，直到材料顏色變淡、體積膨脹。

03. 慢慢加入材料 ❷ 拌勻，材料 ❸ 過篩後加入拌勻，再加入柳橙皮末拌勻即成麵糊。

04. 麵糊蓋上保鮮膜，靜置鬆弛 30 分鐘。

05. 鬆餅機預熱，預熱完成後，用毛刷沾取少許無鹽奶油塗抹在烤盤內。

06. 倒入麵糊鋪平，平均擺上做法 *01*，蓋上機器上蓋進行加熱。

07. 加熱完畢後戴上隔熱手套，打開鬆餅機取出完成的鬆餅，即可品嘗。

吐司布魯

French Toast Brussels

材料 Ingredients

吐司 4 片、市售冷凍起酥皮 4 片
❶ 蛋 1 個、細糖 40 克、天然香草精 1/4 小匙
❷ 無鹽奶油 20 克（隔水融化）、牛奶 40c.c.、君度橙酒 10c.c.

份量 Serve

4 片，正方形厚片

鬆餅 MEMO

我稱這款點心為比利時的法式吐司，結合了法式吐司的做法和比利時鬆餅的外貌，外加香氣濃郁的起酥皮，如果是在咖啡館內的吧台製作，相信立刻會引起點購的慾望。

起酥皮讓整體口感更加分，香酥可口！

做法 How to Make

01. 材料 ❶ 放入攪拌盆，用網狀攪拌器用力攪拌，直到材料顏色變淡、體積膨脹。

02. 慢慢加入材料 ❷ 拌勻即成麵糊。

03. 吐司切去 4 個邊，浸泡在做法 *01* 中，讓吐司慢慢吸收蛋液。

04. 鬆餅機預熱，預熱完成後，用毛刷沾取少許無鹽奶油塗抹在烤盤內。

05. 把做法 *03* 的吐司排在烤盤上，放入起酥皮，蓋上機器上蓋進行加熱。

06. 加熱完畢後戴上隔熱手套，打開鬆餅機取出完成的鬆餅，即可品嘗。

鮮艷、小巧的馬卡龍令人
愛不釋手，也讓這款鬆餅
變得時尚起來。

時尚布魯

Macaroon Brussels

材料 Ingredients

❶ 蛋白 100 克（約 3 顆蛋）、細糖 40 克、天然香草精 1/4 小匙

❷ 無鹽奶油 20 克（隔水融化）、牛奶 40c.c.、君度橙酒 10c.c.

❸ 低筋麵粉 75 克、玉米粉 25 克、泡打粉 1/2 小匙

配料
剝碎的馬卡龍 4 個（口味不拘）

份量 Serve

3 片，正方形厚片

鬆餅 MEMO

馬卡龍是一種添加了許多糖和杏仁粉的蛋白糖，加入鬆餅內一起烘烤可以增加甜度，而且鮮艷的色彩可增添不少視覺效果。

做法 How to Make

01. 材料 ❶ 放入攪拌盆，用網狀攪拌器用力攪拌至蛋白鬆發，也就是蛋白體積膨脹，舉起網狀攪拌器時，蛋白會形成尖鉤狀。

02. 慢慢加入材料 ❷ 拌勻，材料 ❸ 過篩後加入拌勻，再加入剝碎的馬卡龍拌勻即成麵糊。（圖 1）

03. 麵糊蓋上保鮮膜，靜置鬆弛 30 分鐘。

04. 鬆餅機預熱，預熱完成後，用毛刷沾取少許無鹽奶油塗抹在烤盤內。

05. 倒入麵糊鋪平，蓋上機器上蓋進行加熱。（圖 2）

06. 加熱完畢後戴上隔熱手套，打開鬆餅機取出完成的鬆餅，即可品嘗。

帶有濃濃咖啡香，喜歡咖啡的你不可錯過。

摩卡布魯

Mocha Brussels

材料 Ingredients

裝飾用咖啡粉少許

❶ 蛋 1 個、細糖 40 克

❷ 無鹽奶油 20 克（隔水融化）、牛奶 40c.c.、咖啡酒 10c.c.

❸ 低筋麵粉 95 克、咖啡粉 5 克、泡打粉 1/2 小匙

份量 Serve

3 片，正方形厚片

鬆餅 MEMO

這裡使用的是即溶咖啡粉，也可以使用研磨咖啡粉。雖然研磨咖啡粉無法溶化，但別有一番風味。我曾經利用研磨咖啡粉來製作餅乾，很好吃呢！

做法 How to Make

01. 材料 ❶ 放入攪拌盆，用網狀攪拌器用力攪拌，直到材料顏色變淡、體積膨脹。

02. 慢慢加入材料 ❷ 拌勻，材料 ❸ 過篩後加入拌勻即成麵糊。

03. 麵糊蓋上保鮮膜，靜置鬆弛 30 分鐘。

04. 鬆餅機預熱，預熱完成後，用毛刷沾取少許無鹽奶油塗抹在烤盤內。

05. 舀入麵糊，蓋上機器上蓋進行加熱。

06. 加熱完畢後戴上隔熱手套，打開鬆餅機取出完成的鬆餅，趁熱在表面撒上少許裝飾用咖啡粉，即可食用。

花生巧克布魯

Peanut Chocolate
Brussels

杏氣足、脆口的
花生，讓鬆餅的
嚼感更棒。

材料 Ingredients

鹹味花生粒 2 大匙

❶ 蛋 1 個、細糖 40 克

❷ 無鹽奶油 20 克（隔水融化）、牛奶 40c.c.、蘭姆酒 10c.c.

❸ 低筋麵粉 75 克、可可粉 20 克、泡打粉 1/2 小匙

份量 Serve

3 片，正方形厚片

鬆餅 MEMO

台灣是花生的盛產地，花生種類多、品質好，只可惜台灣氣候潮溼，花生容易受潮而產生毒素。所以每次媽媽的好友送給我們的炒花生，我都會放置冷凍保存，想吃的時候只取剛好的量，以免變質。

做法 How to Make

01. 材料 ❶ 放入攪拌盆，用網狀攪拌器用力攪拌，直到材料顏色變淡、體積膨脹。

02. 慢慢加入材料 ❷ 拌勻，材料 ❸ 過篩後加入拌勻，最後加入鹹味花生粒拌勻即成麵糊。

03. 麵糊蓋上保鮮膜，靜置鬆弛 30 分鐘。

04. 鬆餅機預熱，預熱完成後，用毛刷沾取少許無鹽奶油塗抹在烤盤內。

05. 倒入麵糊鋪平，蓋上機器上蓋進行加熱。

06. 加熱完畢後戴上隔熱手套，打開鬆餅機取出完成的鬆餅，表面可多撒一些份量外的鹹味花生粒，即可趁熱食用。

雙倍巧克力布魯

Double Chocolate Brussels

材料 Ingredients

❶ 蛋 1 個、細糖 40 克
❷ 無鹽奶油 20 克（隔水融化）、牛
奶 40c.c.、蘭姆酒 10c.c.
❸ 低筋麵粉 75 克、可可粉 20 克、
泡打粉 1/2 小匙

配料
市售薄片巧克力 6 片

份量 Serve

3 片，正方形厚片

做法 How to Make

01. 材料 ❶ 放入攪拌盆，用網狀攪拌器用力
　　攪拌，直到材料顏色變淡、體積膨脹。
02. 慢慢加入材料 ❷ 拌勻，材料 ❸ 過篩後加
　　入拌勻即成麵糊。
03. 麵糊蓋上保鮮膜，靜置鬆弛 30 分鐘。
04. 鬆餅機預熱，預熱完成後，用毛刷沾取
　　少許無鹽奶油塗抹在烤盤內。
05. 舀入麵糊，擺上剝小塊的薄片巧克力，
　　蓋上機器上蓋進行加熱。（圖 1）
06. 加熱完畢後戴上隔熱手套，打開鬆餅機
　　取出完成的鬆餅，即可食用。

鬆餅 MEMO

麵糊中可可粉的份量越多，麵糊顏
色就會越深，而且口感會越苦，但
這也代表可可粉的等級好、質地純
正。如果是要給小朋友品嘗，建議
把麵糊中可可粉的份量減半，其他
材料份量不變，吃的時候搭配香緹
鮮奶油、巧克力冰淇淋或淋醬，這
樣小朋友就不會覺得太苦了。

大朋友小朋友都愛的
巧克力，咬下一口，
心情也繽紛起來。

鳳梨片增加了鬆餅的香甜
度，而且好有熱帶風情。

牙買加布魯

Jamaica Brussels

材料 Ingredients

罐頭鳳梨片 3 片
❶ 蛋 1 個、細糖 40 克
❷ 無鹽奶油 20 克（隔水融化）、椰奶 40c.c.、蘭姆酒 10c.c.
❸ 低筋麵粉 95 克、可可粉 5 克、泡打粉 1/2 小匙

份量 Serve

3 片，正方形厚片

鬆餅 MEMO

可以在烤盤上塗抹香甜的椰子油來增添香氣。椰子油是近年來新興的健康食品，很適合用來塗抹麵包、炒菜。

做法 How to Make

01. 罐頭鳳梨片對半切。

02. 材料 ❶ 放入攪拌盆，用網狀攪拌器用力攪拌，直到材料顏色變淡、體積膨脹。

03. 慢慢加入材料 ❷ 拌勻，材料 ❸ 過篩後加入拌勻即成麵糊。

04. 麵糊蓋上保鮮膜，靜置鬆弛 30 分鐘。

05. 鬆餅機預熱，預熱完成後，用毛刷沾取少許無鹽奶油塗抹在烤盤內。

06. 舀入適量的麵糊，約 7 分滿，放入做法 01，蓋上機器上蓋進行加熱。（圖 1）

07. 加熱完畢後戴上隔熱手套，打開鬆餅機取出完成的鬆餅，即可品嘗。

1

伯爵茶的香氣好
吸引人，下午時
分來點歐香伯爵
布魯吧！

歐香伯爵布魯

Earl Grey Brussels

材料 Ingredients

❶ 蛋 1 個、細糖 40 克
❷ 無鹽奶油 20 克（隔水融化）、牛奶 40c.c.、蘭姆酒 10c.c.
❸ 低筋麵粉 75 克、泡打粉 1/2 小匙
❹ 燕麥片 15 克、切碎的伯爵茶茶葉 5 克

份量 Serve

3 片，正方形厚片 ▦▦▦

鬆餅 MEMO

伯爵茶的佛手柑香氣令人無法抵擋，臨時想做點心卻發現手邊沒有香草、酒精類等可以增加香氣的材料時，不妨加入伯爵茶茶葉或是其他茶葉吧，這些都是可以代替傳統香草精的天然好料。

做法 How to Make

01. 材料 ❶ 放入攪拌盆，用網狀攪拌器用力攪拌，直到材料顏色變淡、體積膨脹。
02. 慢慢加入材料 ❷ 拌勻，材料 ❸ 過篩後加入拌勻，最後加入材料 ❹ 拌勻即成麵糊。
03. 麵糊蓋上保鮮膜，靜置鬆弛 30 分鐘。
04. 鬆餅機預熱，預熱完成後，用毛刷沾取少許無鹽奶油塗抹在烤盤內。
05. 舀入麵糊，蓋上機器上蓋進行加熱。
06. 加熱完畢後戴上隔熱手套，打開鬆餅機取出完成的鬆餅，即可食用。

芭娜娜布魯

Banana Brussels

香氣馥郁的香蕉和
耐嚼的燕麥，交織
出美妙的滋味。

材料 Ingredients

裝飾用香蕉切片 1 根、巧克力醬適量
❶ 蛋 1 個、細糖 40 克
❷ 無鹽奶油 20 克（隔水融化）、牛奶 40c.c.、蘭姆酒 10c.c.
❸ 低筋麵粉 40 克、肉桂粉 1/4 小匙、泡打粉 1/2 小匙
❹ 香蕉泥 100 克、燕麥片 15 克

份量 Serve

3 片，正方形厚片

鬆餅 MEMO

品嘗時可以隨性淋上市售的巧克力醬或是焦糖醬，再撒上肉桂糖粉（糖粉內加上少許肉桂粉），是一道適合當成假日早午餐或是午茶點心的鬆餅。

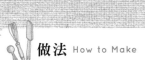

做法 How to Make

01. 材料 ❶ 放入攪拌盆，用網狀攪拌器用力攪拌，直到材料顏色變淡、體積膨脹。
02. 慢慢加入材料 ❷ 拌勻，材料 ❸ 過篩後加入拌勻，最後加入材料 ❹ 拌勻即成麵糊。
03. 麵糊蓋上保鮮膜，靜置鬆弛 30 分鐘。
04. 鬆餅機預熱，預熱完成後，用毛刷沾取少許無鹽奶油塗抹在烤盤內。
05. 舀入麵糊，蓋上機器上蓋進行加熱。
06. 加熱完畢後戴上隔熱手套，打開鬆餅機取出完成的鬆餅，放上裝飾用香蕉切片，淋上巧克力醬，即可趁熱食用。

黑珍珠布魯

Black Pearl Brussels

材料 Ingredients

❶ 蛋 1 個、細糖 40 克
❷ 無鹽奶油 20 克（隔水融化）、巧克力牛奶 40c.c.、蘭姆酒 10c.c.
❸ 低筋麵粉 75 克、可可粉 15 克、泡打粉 1/2 小匙

配料

珍珠糖 3 大匙

份量 Serve

3 片，圓形厚片

做法 How to Make

01. 材料 ❶ 放入攪拌盆，用網狀攪拌器用力攪拌，直到材料顏色變淡、體積膨脹。
02. 慢慢加入材料 ❷ 拌勻，材料 ❸ 過篩後加入拌勻即成麵糊。
03. 麵糊蓋上保鮮膜，靜置鬆弛 30 分鐘。
04. 鬆餅機預熱，預熱完成後，用毛刷沾取少許無鹽奶油塗抹在烤盤內。
05. 舀入麵糊，平均撒上珍珠糖，蓋上機器上蓋進行加熱。（圖 1）
06. 加熱完畢後戴上隔熱手套，打開鬆餅機取出完成的鬆餅，即可趁熱食用。

1

鬆餅 MEMO

珍珠糖是來自比利時的進口食品，屬於高熔點的再製糖，咬下鬆餅的瞬間，會感覺到糖粒脆脆的喀茲聲。如果沒有珍珠糖，也可以用碎冰糖或是敲碎的方糖來製作。

使用了珍珠糖，咬起
來有嗞蘇嗞蘇聲。

藍起司布魯

Blue Cheese Brussels

材料 Ingredients

❶ 蛋 1 個、細糖 40 克
❷ 無鹽奶油 20 克（隔水融化）、牛奶 40c.c.
❸ 低筋麵粉 75 克、泡打粉 1/2 小匙
❹ 燕麥片 25 克、藍起司 20 克、瀝乾水份的罐頭藍莓 100 克

份量 Serve

3 片，正方形厚片

鬆餅 MEMO

藍起司（藍紋起司，Blue Cheese）的味道很重，東方人的接受度比較低。平常這種起司都是搭配烤得酥脆的法國麵包、苦苣沙拉來品嘗，與藍莓混合製作成鬆餅算是大膽的嘗試。

做法 How to Make

01. 材料 ❶ 放入攪拌盆，用網狀攪拌器用力攪拌，直到材料顏色變淡、體積膨脹。

02. 慢慢加入材料 ❷ 拌勻，材料 ❸ 過篩後加入拌勻，最後加入材料 ❹，拌勻即成麵糊。（圖1）

03. 麵糊蓋上保鮮膜，靜置鬆弛 30 分鐘。

04. 鬆餅機預熱，預熱完成後，用毛刷沾取少許無鹽奶油塗抹在烤盤內。

05. 舀入麵糊，蓋上機器上蓋進行加熱。（圖2）

06. 加熱完畢後戴上隔熱手套，打開鬆餅機取出完成的鬆餅，即可食用。

藍起司、藍莓與鬆餅
的組合，會蹦出什麼
新滋味呢？

辣辣的餡，讓人忍不住
一口接一口。

勁辣布魯

Burger Brussels

材料 Ingredients

肉餡

橄欖油 1 大匙、洋蔥末 2 大匙、
蒜末 1/2 小匙、牛絞肉 300 克
❶ 燕麥片 25 克、細鹽 1/2 小匙、
黑胡椒粉少許、辣椒粉 1 小匙

鬆餅

蛋 1 個、低筋麵粉 75 克
❶ 無鹽奶油 20 克（隔水融化）、
牛奶 40c.c.

份量 Serve

3 片，正方形厚片

鬆餅 MEMO

1. 平常製作漢堡肉時，都會添
加麵包粉來增加肉的黏性，這
裡使用燕麥片，它和麵包粉有
相同的效果。

2. 由於加熱時間較短、溫度較
低，所以把肉炒熟了才加入。

3. 這款鬆餅，其實也算是另一
種風味的比利時漢堡。

做法 How to Make

01. 鍋內倒入橄欖油熱鍋，放入洋蔥末和蒜末
爆香，加入牛絞肉炒到全熟，起鍋前加入
肉餡材料的材料 ❶ 翻拌均勻。（圖 1）

02. 蛋放入攪拌盆內，用網狀攪拌器用力攪拌，
直到蛋液體積膨脹、顏色變淡。

03. 將鬆餅材料的材料 ❶ 慢慢加入拌勻。

04. 低筋麵粉過篩後，加入做法 03 中，再加
入做法 01，拌勻即成麵糊。（圖 2）

05. 麵糊蓋上保鮮膜，靜置鬆弛 30 分鐘。

06. 鬆餅機預熱，預熱完成後，用毛刷沾取少
許無鹽奶油塗抹在烤盤內。

07. 舀入麵糊，蓋上機器上蓋進行加熱。（圖 3）

08. 加熱完畢後戴上隔熱手套，打開鬆餅機取
出完成的鬆餅，即可趁熱食用。

Part 2.

列日鬆餅
Luikse Waffle

列日鬆餅即酵母鬆餅，呈圓形格子
狀，口感雖然也偏硬厚、紮實，但因
為麵糰經過酵母的發酵，又多了一點
酥鬆感。

製作鬆餅前，看這邊！

● 列日鬆餅麵糰比較濕軟，製作時一定要準備足夠的手粉，用來撒在麵糰和工作台上。

● 麵糰靜置鬆弛的時間至少 60 分鐘。

● 如果麵糰加熱一次後色澤仍很淺，則進行第二次加熱，直到麵糰表面漂亮上色。

● 準備份量外的無鹽奶油，隔水融化，再用毛刷塗在烤盤上。

● 列日鬆餅不一定是鹹的，也可以做成甜的口味，只要將原本僅佔麵粉總重量 10% 的細糖增加為 15 ～ 20% 即可。這個單元為了提供讀者更多樣化的材料組合，特意規劃成鹹口味的單元，也和布魯塞爾鬆餅作區隔。

● 材料中的速發即溶酵母 1/2 小匙約等於 2.5 克，此份配方寫 1/2 小匙的目的是方便讀者以匙來秤量，但事實上標準應該是 2 克，家中少量製作時，這樣的克數差異不會造成影響。使用新鮮酵母時份量為 4 克。

● 若使用自己培養的天然酵種，則依照自己習慣的比例，將配方中的高筋麵粉改成低筋麵粉即可，例如：原本使用 100 克的高筋麵粉配上 30 克的酵種，這時就改成 100 克的低筋麵粉配上 30 克的酵種。

黑胡椒列日

Black Pepper Luikse

材料 Ingredients

低筋麵粉 150 克、高筋麵粉 50 克、
細糖 20 克、速發即溶酵母 1/2 小
匙、黑胡椒粉 1/2 小匙、鹽 1/2 小
匙、水 125c.c.、橄欖油 15c.c.

份量 Serve

6 片，圓形厚片

鬆餅 MEMO

列日鬆餅的麵糰不用搓揉出筋，
只要將材料混勻成糰就可以了。

做法 How to Make

01. 全部材料放入攪拌盆混合成糰，不需搓
揉出筋。（圖 1）（圖 2）

02. 蓋上保鮮膜，讓麵糰靜置鬆弛 60 分鐘。

03. 工作台上撒少許高筋麵粉，取出鬆弛過
後的麵糰，分成 6 等份，每一份麵糰輕
輕搓圓後壓扁。（圖 3）

04. 鬆餅機預熱，預熱完成後，用毛刷沾取
少許無鹽奶油塗抹在烤盤內。

05. 一個格子放入一份麵糰，蓋上機器上蓋
進行加熱。（圖 4）

06. 加熱完畢後戴上隔熱手套，打開鬆餅機
取出完成的鬆餅，即可趁熱食用。（圖 5）

學會基礎的列日鬆
餅，就能自行變化
出多種口味。

加熱後的 XO 醬和
燻雞，散發出迷
人的香氣。

XO 醬燻雞列日

Smoked Chicken in XO Sauce Luikse

材料 Ingredients

燻雞肉 75 克、XO 醬 1 大匙
❶ 低筋麵粉 150 克、高筋麵粉 30 克、
細糖 20 克、速發即溶酵母 1/2 小匙、
鹽 1/4 小匙、水 125c.c.、橄欖油 15c.c.

份量 Serve

6 片，圓形厚片

鬆餅 MEMO

燻雞肉和 XO 醬可以說是海陸雙拼，
兩種材料都有特殊風味，加在一起
卻不衝突。

做法 How to Make

01. 燻雞肉剝絲，再加入 XO 醬混合拌勻。
02. 材料 ❶ 放入攪拌盆混合成糰，不需搓揉出筋。
03. 蓋上保鮮膜，讓麵糰靜置鬆弛 60 分鐘。
04. 工作台上撒少許高筋麵粉，取出鬆弛過後的麵糰，分成 6 等份，每一份麵糰輕輕搓圓後壓扁，包入 1/6 份的做法 01，收口捏緊。
05. 鬆餅機預熱，預熱完成後，用毛刷沾取少許無鹽奶油塗抹在烤盤內。
06. 一個格子放入一份麵糰，蓋上機器上蓋進行加熱。
07. 加熱完畢後戴上隔熱手套，打開鬆餅機取出完成的鬆餅，即可趁熱食用。

鬱金香火腿起司列日

Ham & Cheese Luikse

鬱金香粉讓鬆餅
呈現漂亮的金黃
色，好誘人！

材料 Ingredients

馬芝拉起司（Mozzarella Cheese）60 克、
火腿片 40 克

❶ 低筋麵粉 150 克、高筋麵粉 50 克、細
糖 20 克、速發即溶酵母 1/2 小匙、鬱金
香粉 1/2 小匙、鹽 1/4 小匙、水 125c.c、
橄欖油 15c.c.

份量 Serve

6 片，圓形厚片

鬆餅 MEMO

鬱金香粉是咖哩的眾多粉料之一，
顏色非常鮮艷，由天然的花粉萃取
而得。

 做法 How to Make

01. 馬芝拉起司刨成絲，火腿片切碎。將兩種材料混合。

02. 材料 ❶ 放入攪拌盆混合成糰，不需搓揉出筋。

03. 蓋上保鮮膜，讓麵糰靜置鬆弛 60 分鐘。

04. 工作台上撒少許高筋麵粉，取出鬆弛過後的麵糰，分成 6 等份，每份麵糰加入 1/6 份的做
法 01 混勻，輕輕搓圓後壓扁。

05. 鬆餅機預熱，預熱完成後，用毛刷沾取少許無鹽奶油塗抹在烤盤內。

06. 一個格子放入一份麵糰，蓋上機器上蓋進行加熱。

07. 加熱完畢後戴上隔熱手套，打開鬆餅機取出完成的鬆餅，即可趁熱食用。

濃濃的起司香，
過癮又滿足！

瑞士起司列日

Swiss Cheese Luikse

材料 Ingredients

瑞士起司 120 克

❶ 低筋麵粉 150 克、高筋麵粉 50 克、
甜紅椒粉 1/2 小匙、細糖 20 克、速
發即溶酵母 1/2 小匙、鹽 1/4 小匙、
水 125c.c.、橄欖油 15c.c.。

份量 Serve

6 片，圓形厚片

鬆餅 MEMO

有名的市售瑞士起司包括葛瑞爾起
司（Gruyere Cheese）和埃文達起司
（Emmenthal Cheese），使用這兩
種起司，或是喜歡的硬質起司皆可，
上述這兩種起司也是製作瑞士起司
火鍋不可缺少的材料。

做法 How to Make

01. 材料 ❶ 放入攪拌盆混合成糰，不需搓揉
出筋。

02. 蓋上保鮮膜，讓麵糰靜置鬆弛 60 分鐘。

03. 瑞士起司刨絲備用。

04. 工作台上撒少許高筋麵粉，取出鬆弛過
後的麵糰，分成 6 等份，每一份麵糰輕
輕搓圓後壓扁，包入 1/6 份的做法 03，
收口捏緊。（圖 1）

05. 鬆餅機預熱，預熱完成後，用毛刷沾取
少許無鹽奶油塗抹在烤盤內。

06. 一個格子放入一份麵糰，蓋上機器上蓋
進行加熱。

07. 加熱完畢後戴上隔熱手套，打開鬆餅機
取出完成的鬆餅，即可趁熱食用。

1

臘腸和香菜的香氣都
滿強烈的，但卻不會
搶掉彼此的味道。

臘腸香菜列日

Smoked Sausage Luikse

材料 Ingredients

臘腸片 20 克、香菜末 1 大匙
❶ 低筋麵粉 150 克、高筋麵粉 50 克、
細糖 20 克、速發即溶酵母 1/2 小匙、
鹽 1/4 小匙、水 125c.c.、橄欖油 15c.c.

份量 Serve

6 片，圓形厚片

鬆餅 MEMO

列日鬆餅的加熱時間比較短，為了
避免內餡不熟，所以必須將材料切
成小塊、薄片狀。

做法 How to Make

01. 臘腸片切小塊，與香菜末混勻。（圖 1）
02. 材料 ❶ 放入攪拌盆混合成糰，加入做法 01 混勻，不需搓揉出筋。
03. 蓋上保鮮膜，讓麵糰靜置鬆弛 60 分鐘。
04. 工作台上撒少許高筋麵粉，取出鬆弛過後的麵糰，分成 6 等份，每一份麵糰輕輕搓圓後壓扁，包入 1/6 份的做法 01，收口捏緊。
05. 鬆餅機預熱，預熱完成後，用毛刷沾取少許無鹽奶油塗抹在烤盤內。
06. 一個格子放入一份麵糰，蓋上機器上蓋進行加熱。（圖 2）
07. 加熱完畢後戴上隔熱手套，打開鬆餅機取出完成的鬆餅，即可趁熱食用。

鹹香的酸菜和鬆餅好對味。

客家酸菜列日

Hakka Marinated
Cabbage Luikse

材料 Ingredients

客家酸菜 150 克、花生粉 2 大匙
❶ 低筋麵粉 150 克、高筋麵粉 50 克、
細糖 20 克、速發即溶酵母 1/2 小匙、
乾花椒粉 1 小匙、鹽 1/4 小匙、水
125c.c.、橄欖油 15c.c.

份量 Serve

6 片，圓形厚片

鬆餅 MEMO

客家酸菜就是市場上常見的台式酸
菜，適合搭配五花肉的料理，也可
以夾在割包內或是搭配湯麵，可以
說是百搭的配菜之王。

做法 How to Make

01. 客家酸菜切細碎。
02. 材料 ❶ 放入攪拌盆混合成糰，不需搓揉出筋。
03. 蓋上保鮮膜，讓麵糰靜置鬆弛 60 分鐘。
04. 工作台上撒少許高筋麵粉，取出鬆弛過後的麵糰，分成 6 等份，每一份麵糰輕輕搓圓後壓
扁，包入 1/6 份的做法 01，收口捏緊。
05. 鬆餅機預熱，預熱完成後，用毛刷沾取少許無鹽奶油塗抹在烤盤內。
06. 一個格子放入一份麵糰，蓋上機器上蓋進行加熱。
07. 加熱完畢後戴上隔熱手套，打開鬆餅機取出完成的鬆餅，搭配花生粉即可趁熱食用。

鯷魚蒜香列日

Anchovy Garlic Luikse

常在義大利麵中看到的組合，做成鬆餅一樣美味。

材料 Ingredients

鯷魚罐頭 1 盒（90 克）、蒜末 1/2 大匙、帕馬森起司粉（Grated Parmesan Cheese）2 大匙

❶ 低筋麵粉 150 克、高筋麵粉 50 克、細糖 20 克、速發即溶酵母 1/2 小匙、鹽 1/4 小匙、水 125c.c.、橄欖油 15c.c.

份量 Serve

6 片，圓形厚片

鬆餅 MEMO

鯷魚是義大利料理不可缺少的食材，也是製作凱薩沙拉醬的必備材料，可以在各大百貨超市購得，平時也可以用來製作各式料理，例如炒飯、炒麵等，可以當成鹽的替代品。

做法 How to Make

01. 材料 ❶ 放入攪拌盆混合成糰，不需搓揉出筋。
02. 蓋上保鮮膜，讓麵糰靜置鬆弛 60 分鐘。
03. 打開鯷魚罐頭，把油瀝掉，和蒜末、帕馬森起司粉混勻備用。
04. 工作台上撒少許高筋麵粉，取出鬆弛過後的麵糰，分成 6 等份，每一份麵糰輕輕搓圓後壓扁，包入 1/6 份的做法 03，收口捏緊。
05. 鬆餅機預熱，預熱完成後，用毛刷沾取少許無鹽奶油塗抹在烤盤內。
06. 一個格子放入一份麵糰，蓋上機器上蓋進行加熱。
07. 加熱完畢後戴上隔熱手套，打開鬆餅機取出完成的鬆餅，即可趁熱食用。

培根的煙燻風味和鮮甜的玉米非常搭。

培根玉米列日

Bacon Corn Luikse

材料 Ingredients

培根 50 克、玉米 75 克
❶ 低筋麵粉 150 克、高筋麵粉 50 克、
細糖 20 克、速發即溶酵母 1/2 小匙、
鹽 1/4 小匙、水 125c.c.、橄欖油 15c.c.

份量 Serve

6 片，圓形厚片

鬆餅 MEMO

也可以將培根換成鮪魚、火腿、絞
肉等食材。

做法 How to Make

01. 培根切碎，和玉米混勻。

02. 材料 ❶ 放入攪拌盆，再加入做法 01 混合成糰，不需搓揉出筋。

03. 蓋上保鮮膜，讓麵糰靜置鬆弛 60 分鐘。

04. 工作台上撒少許高筋麵粉，取出鬆弛過後的麵糰，分成 6 等份，每一份麵糰輕輕搓圓後
壓扁。

05. 鬆餅機預熱，預熱完成後，用毛刷沾取少許無鹽奶油塗抹在烤盤內。

06. 一個格子放入一份麵糰，蓋上機器上蓋進行加熱。

07. 加熱完畢後戴上隔熱手套，打開鬆餅機取出完成的鬆餅，即可趁熱食用。

鮪魚洋芋列日

Tuna Potato Luikse

材料 Ingredients

罐頭鮪魚 60 克、馬鈴薯 120 克、胡椒粉 1/4 小匙

❶ 低筋麵粉 150 克、高筋麵粉 50 克、細糖 20 克、速發即溶酵母 1/2 小匙、鹽 1/4 小匙、水 125c.c.、橄欖油 15c.c.

份量 Serve

6 片，圓形厚片

鬆餅 MEMO

常吃鮪魚有益大腦的生長發育，適合孩童經常攝取。

加入鬆綿的馬鈴薯和鮪肉，連吃好幾個都不膩。

做法 How to Make

01. 材料 ❶ 放入攪拌盆混合成糰，不需搓揉出筋。

02. 蓋上保鮮膜，讓麵糰靜置鬆弛 60 分鐘。

03. 瀝掉罐頭鮪魚的湯汁。馬鈴薯去皮切小塊，放入滾水燙熟後撈起。

04. 將做法 03 和胡椒粉混勻。

05. 工作台上撒少許高筋麵粉，取出鬆弛過後的麵糰，分成 6 等份，每一份麵糰輕輕搓圓後壓扁，包入 1/6 份的做法 04，收口捏緊。

06. 鬆餅機預熱，預熱完成後，用毛刷沾取少許無鹽奶油塗抹在烤盤內。

07. 一個格子放入一份麵糰，蓋上機器上蓋進行加熱。

08. 加熱完畢後戴上隔熱手套，打開鬆餅機取出完成的鬆餅，即可趁熱食用。

墨西哥辣豆列日

Spicy Bean Luikse

材料 Ingredients

紅色墨西哥腰豆 2 大匙、新鮮青綠色辣椒末 2 大匙
❶ 低筋麵粉 150 克、高筋麵粉 50 克、細糖 20 克、速發即溶酵母 1/2 小匙、鹽 1/4 小匙、水 125c.c.、橄欖油 15c.c.

份量 Serve

6 片，圓形厚片

鬆餅 MEMO

腰豆可以在百貨超市購得，辣椒則在市場上就可以買到。目前市售的辣椒品種很多，購買時最好先詢問清楚辣椒的辣度。

做法 How to Make

01. 備好紅色墨西哥腰豆和青綠色辣椒末，混合拌勻。（圖 1）
02. 材料 ❶ 放入攪拌盆混合成糰，不需搓揉出筋。
03. 蓋上保鮮膜，讓麵糰靜置鬆弛 60 分鐘。
04. 工作台上撒少許高筋麵粉，取出鬆弛過後的麵糰，分成 6 等份，每一份麵糰輕輕搓圓後壓扁，包入 1/6 份的做法 01，收口捏緊。（圖 2）
05. 鬆餅機預熱，預熱完成後，用毛刷沾取少許無鹽奶油塗抹在烤盤內。
06. 一個格子放入一份麵糰，蓋上機器上蓋進行加熱。（圖 3）
07. 加熱完畢後戴上隔熱手套，打開鬆餅機取出完成的鬆餅，即可趁熱食用。

加入了墨西哥腰豆
和青綠辣椒末，顏
色漂亮又好吃！

加熱後，青醬
的香藏也刻撲
鼻而來。

青醬蘑菇列日

Basil Mushroom Luikse

材料 Ingredients

切片的新鮮蘑菇 85 克

❶ 低筋麵粉 150 克、高筋麵粉 50 克、細糖 20 克、速發即溶酵母 1/2 小匙、鹽 1/4 小匙、水 125c.c.、青醬 20 克

份量 Serve

6 片，圓形厚片

鬆餅 MEMO

1. 菇類切片後，可以浸泡在水中以防止氧化。

2. 青醬的材料是新鮮羅勒 200 克、烤過的松子 30 克、大蒜 3 瓣、帕馬森起司粉 30 克、鹽 1/4 小匙、黑胡椒粉少許、特純橄欖油 75c.c.。將所有材料混合，放入果汁機攪拌成泥狀即可使用。新鮮羅勒取得不易，可以改用九層塔，也可以直接使用市售青醬。

做法 How to Make

01. 材料 ❶ 放入攪拌盆混合成糰，不需搓揉出筋。

02. 蓋上保鮮膜，讓麵糰靜置鬆弛 60 分鐘。

03. 工作台上撒少許高筋麵粉，取出鬆弛過後的麵糰，分成 6 等份，每一份麵糰輕輕搓圓後壓扁，包入 1/6 份切片的新鮮蘑菇，收口捏緊。（圖 1）

04. 鬆餅機預熱，預熱完成後，用毛刷沾取少許無鹽奶油塗抹在烤盤內。

05. 一個格子放入一份麵糰，蓋上機器上蓋進行加熱。（圖 2）

06. 加熱完畢後戴上隔熱手套，打開鬆餅機取出完成的鬆餅，即可趁熱食用。

茴香的香氣非常
持殊，獨樹一格。

茴香豬肉列日

Fennel Pork Luikse

材料 Ingredients

豬絞肉 100 克、茴香 40 克（切碎）、
鹽 1/4 小匙、白胡椒粉 1/4 小匙
❶ 低筋麵粉 150 克、高筋麵粉 30 克、
細糖 20 克、速發即溶酵母 1/2 小匙、
水 125c.c.、橄欖油 1 小匙

份量 Serve

6 片，圓形厚片

鬆餅 MEMO

製作時摘下茴香的嫩葉部分即可，
莖部可以留作料理用。

做法 How to Make

01. 炒鍋內倒入 1 小匙橄欖油，放入豬絞肉和茴香炒熟，起鍋前加鹽、白胡椒粉調味。

02. 材料 ❶ 放入攪拌盆混合成糰，不需搓揉出筋。

03. 蓋上保鮮膜，讓麵糰靜置鬆弛 60 分鐘。

04. 工作台上撒少許高筋麵粉，取出鬆弛過後的麵糰，分成 6 等份，每一份麵糰輕輕搓圓後壓扁，包入 1/6 份的做法 01，收口捏緊。

05. 鬆餅機預熱，預熱完成後，用毛刷沾取少許無鹽奶油塗抹在烤盤內。

06. 一個格子放入一份麵糰，蓋上機器上蓋進行加熱。

07. 加熱完畢後戴上隔熱手套，打開鬆餅機取出完成的鬆餅，即可趁熱食用。

洋蔥橄欖列日

Onion Olives Luikse

吃得到洋蔥和橄欖的口感和香氣！

材料 Ingredients

洋蔥末 120 克、黑橄欖片 3 大匙（預留 1 大匙作表面裝飾）

❶ 低筋麵粉 150 克、高筋麵粉 50 克、細糖 20 克、速發即溶酵母 1/2 小匙、鹽 1/4 小匙、水 125c.c.、橄欖油 15c.c.

份量 Serve

6 片，圓形厚片

鬆餅 MEMO

通常罐頭橄欖打開後無法一次用完，最好的保存辦法是將橄欖倒入夾鏈袋，放入冰箱冷凍保存。

做法 How to Make

01. 洋蔥末、黑橄欖片混合備用。

02. 材料 ❶ 放入攪拌盆混合成糰，不需搓揉出筋。

03. 蓋上保鮮膜，讓麵糰靜置鬆弛 60 分鐘。

04. 工作台上撒少許高筋麵粉，取出鬆弛過後的麵糰，分成 6 等份，每一份麵糰輕輕搓圓後壓扁，包入 1/6 份的做法 01，收口捏緊。

05. 每個麵糰表面壓入 3 片黑橄欖。

06. 鬆餅機預熱，預熱完成後，用毛刷沾取少許無鹽奶油塗抹在烤盤內。

07. 一個格子放入一份麵糰，蓋上機器上蓋進行加熱。

08. 加熱完畢後戴上隔熱手套，打開鬆餅機取出完成的鬆餅，即可趁熱食用。

加熱過程中散發
出熟悉的香氣，
趁熱吃最好吃！

蘿蔔絲列日

Radish Luikse

材料 Ingredients

蘿蔔絲 100 克、鹽 1 小匙、香菜末 1
大匙
❶ 低筋麵粉 150 克、高筋麵粉 50 克、
細糖 20 克、速發即溶酵母 1/2 小匙、
鹽 1/4 小匙、水 125c.c.、橄欖油 15c.c.

份量 Serve

6 片，圓形厚片

鬆餅 MEMO

蘿蔔絲出水後，必須確實去除水
分，以免影響口感。

做法 How to Make

01. 蘿蔔絲加鹽醃漬，約 30 分鐘後會出水，此時把水分擰乾，把蘿蔔絲和香菜末混勻備用。

02. 材料 ❶ 放入攪拌盆混合成糰，不需搓揉出筋。

03. 蓋上保鮮膜，讓麵糰靜置鬆弛 60 分鐘。

04. 工作台上撒少許高筋麵粉，取出鬆弛過後的麵糰，分成 6 等份，每一份麵糰輕輕搓圓後壓
扁，包入 1/6 份做法 *01*，收口捏緊。

05. 鬆餅機預熱，預熱完成後，用毛刷沾取少許無鹽奶油塗抹在烤盤內。

06. 一個格子放入一份麵糰，蓋上機器上蓋進行加熱。

07. 加熱完畢後戴上隔熱手套，打開鬆餅機取出完成的鬆餅，即可趁熱食用。

啤酒香蔥列日

Beer & Green Onion
Luikse

加入了啤酒的鬆餅,會是什麼滋味呢?

材料 Ingredients

白芝麻粒 40 克

❶ 低筋麵粉 150 克、高筋麵粉 50 克、香蔥末 2 大匙、細糖 20 克、速發即溶酵母 1/2 小匙、鹽 1/4 小匙、水 60c.c.、啤酒 65c.c.、橄欖油 15c.c.

份量 Serve

12 片,圓形厚片

🌑🌑🌑🌑🌑🌑 x 2

鬆餅 MEMO

不論是啤酒還是黑麥汁,都非常適合運用在這款點心上,加上香蔥末在加熱過程中散發的香氣,讓人只想盡情享受!

做法 How to Make

01. 材料 ❶ 放入攪拌盆混合成糰,不需搓揉出筋。

02. 蓋上保鮮膜,讓麵糰靜置鬆弛 60 分鐘。

03. 工作台上撒少許高筋麵粉,取出鬆弛過後的麵糰,分成 12 等份,表面沾一點水再黏上白芝麻粒,將每一份麵糰輕輕搓圓後壓扁。

04. 鬆餅機預熱,預熱完成後,用毛刷沾取少許無鹽奶油塗抹在烤盤內。

05. 一個格子放入一份麵糰,蓋上機器上蓋進行加熱。

06. 加熱完畢後戴上隔熱手套,打開鬆餅機取出完成的鬆餅,即可趁熱食用。

Part 3.

美式鬆餅
Pancake

一般來說，美式鬆餅呈圓片狀，也可以調

整形狀和大小。不需要打發雞蛋，也不需

要等待發酵，想吃的時候隨時就可以製作

完成，是一款速成的簡易鬆餅！

TIP

製作鬆餅前，看這邊！

● 要在平底鍋表面抹上少許的油，最好的方法是用毛刷或是廚房紙巾沾少許料理油，薄塗一層在鍋底，即使是標榜不沾的鍋子，也要抹上少許油，以保護鍋子並延長其使用壽命。

● 如果想要製作厚片鬆餅，則必須仰賴空心圓模，這類的模型可以在烘焙材料行、百貨商場等商店購得，而且有各式各樣的形狀可選擇。

● 麵糊靜置鬆弛的時間至少 30 分鐘。

● 食譜中都添加了少量的酒精，例如蘭姆酒、君度橙酒和咖啡酒，此類酒精可以增加香氣和口感的層次，是最天然的香味添加物。如果家中沒有現成的酒精，也可以改用 1 大匙奶粉，或是用少許香草精來增加香氣。

● 建議美式鬆餅現做現吃，不要放到隔天才品嘗。因為沒有打發材料中的蛋，鬆餅只是靠著泡打粉和小蘇打粉的膨脹作用來撐起組織，因此隔夜的鬆餅口感會明顯變硬。

原味美式鬆餅

Original Flavor Pancake

材料 Ingredients

❶ 低筋麵粉 150 克、糖粉 40 克、玉米粉 10 克、泡打粉 1/2 小匙、小蘇打粉 1/4 小匙、鹽少許

❷ 蛋 1 個、牛奶 150 克、無鹽奶油 15 克（隔水融化）、蘭姆酒 15c.c.

份量 Serve

8 片，直徑 9 公分的圓形薄片

鬆餅 MEMO

1. 做法 *02* 的麵糊如果太乾，酌量加入牛奶；如果太濕，則酌量加入麵粉。建議每次只煎一片，等到煎的技術熟練之後再挑戰一次煎數片。

2. 材料 ❶ 的粉料可以改用市售鬆餅粉取代，也就是 200 克的鬆餅粉、1 顆蛋、150c.c. 的牛奶、15 克的融化無鹽奶油和少許酒，即可製作成 8 片直徑 9 公分的美式鬆餅。

做法 How to Make

01. 材料 ❶ 混合過篩，加入材料 ❷ 混勻即成麵糊。（圖 1）（圖 2）（圖 3）

02. 麵糊蓋上保鮮膜，靜置鬆弛 30 分鐘。

03. 平底鍋抹油，預熱至微溫，舀入 1 大匙麵糊，在鍋子中心點形成圓片狀，煎到表面的泡泡開始陸續破掉，此時翻面續煎約 10 秒，起鍋，即可繼續製作下一片鬆餅，直到麵糊用盡。（圖 4）（圖 5）

原味的美式鬆餅，
隨意搭上水果和
醬汁都好吃。

蜂蜜乳香美式

Honey Milk Pancake

材料 Ingredients

❶ 低筋麵粉 150 克、糖粉 40 克、玉米粉 15 克、泡打粉 1/2 小匙、小蘇打粉 1/4 小匙、鹽少許

❷ 蛋 1 個、蜂蜜 1 大匙、牛奶 120 克、動物性鮮奶油 50 克、無鹽奶油 15 克（隔水融化）、蘭姆酒 15c.c.

配料

水果切片（水蜜桃、奇異果、鳳梨）適量、紅醋栗適量、香緹鮮奶油適量（做法參照 P.16）、蜂蜜適量

份量 Serve

8 片，直徑 12 公分的花瓣形鬆餅

鬆餅 MEMO

這個配方裡用了鮮奶油來增加鬆餅的奶香味，並搭配蜂蜜來提升甜度。

做法 How to Make

01. 材料 ❶ 混合過篩，加入材料 ❷ 混勻即成麵糊。

02. 麵糊蓋上保鮮膜，靜置鬆弛 30 分鐘。

03. 平底鍋抹油，預熱至微溫，舀入 5 小匙麵糊，在鍋子中央形成花瓣狀，煎到表面的泡泡開始陸續破掉，此時翻面續煎約 10 秒，起鍋，即可繼續製作下一片鬆餅，直到麵糊用盡。（圖 1）（圖 2）

04. 搭配上配料的水果切片、紅醋栗、香緹鮮奶油，並淋上蜂蜜，即可品嘗。

淡淡的蜂蜜香
和牛奶香,純
粹的滋味。

蘋果派美式

Apple Pie Pancake

材料 Ingredients

新鮮蘋果 250 克、細糖 75 克、檸檬汁 60c.c.

❶ 低筋麵粉 150 克、糖粉 40 克、玉米粉 15 克、泡打粉 1/2 小匙、小蘇打粉 1/4 小匙、鹽少許

❷ 蛋 1 個、牛奶 65 克、無鹽奶油 15 克（隔水融化）、蘭姆酒 15c.c.

份量 Serve

8 片，直徑 9 公分的圓形薄片

鬆餅 MEMO

把富含膠質的蘋果切碎，炒成黏稠的果醬狀態，再放入麵糊內一起攪拌，可以提升口感的層次。

做法 How to Make

01. 蘋果不去皮切碎，與細糖、檸檬汁混合放入鍋中，用中火煮到濃稠、收汁的狀態。（圖 1）（圖 2）

02. 材料 ❶ 混合過篩，加入材料 ❷ 混勻，接著加入做法 01 拌勻即成麵糊。（圖 3）

03. 麵糊蓋上保鮮膜，靜置鬆弛 30 分鐘。

04. 平底鍋抹油，預熱至微溫，舀入 1 大匙麵糊，在鍋子中心點形成圓片狀，煎到表面的泡泡開始陸續破掉，此時翻面續煎約 10 秒，起鍋，即可繼續製作下一片鬆餅，直到麵糊用盡。（圖 4）

滿滿的蘋果香，
好美味～

重烘焙咖啡美式

American Coffee Pancake

材料 Ingredients

❶ 低筋麵粉 150 克、糖粉 40 克、玉米粉 15 克、泡打粉 1/2 小匙、小蘇打粉 1/4 小匙、鹽少許

❷ 蛋 1 個、濃縮咖啡 60c.c.、牛奶 90 克、無鹽奶油 15 克（隔水融化）、咖啡酒 15c.c.

份量 Serve

16 片，直徑 4 公分的圓型薄片

 x 4

做法 How to Make

01. 材料 ❶ 混合過篩，加入材料 ❷ 混合拌勻即成麵糊。

02. 麵糊蓋上保鮮膜，靜置鬆弛 30 分鐘。

03. 平底鍋抹油，預熱至微溫，舀入 1 小匙麵糊，在鍋子中心點形成圓片狀，煎到表面的泡泡開始陸續破掉，此時翻面續煎約 10 秒，起鍋，即可繼續製作下一片鬆餅，直到麵糊用盡。

鬆餅 MEMO

減少配方中的牛奶，增加濃縮咖啡來填補液體的份量，因此可以嘗到富有咖啡風味的鬆餅。

濃郁杏仁美式

Almond Pancake

材料 Ingredients

杏仁片 2 大匙

❶ 低筋麵粉 150 克、糖粉 30 克、杏仁粉 20 克、玉米粉 10 克、泡打粉 1/2 小匙、小蘇打粉 1/4 小匙、鹽少許

❷ 蛋 1 個、牛奶 150 克、無鹽奶油 15 克（隔水融化）、君度橙酒 15c.c.

份量 Serve

16 片，直徑 4 公分的圓型薄片

 x 4

做法 How to Make

01. 材料 ❶ 混合過篩，加入材料 ❷ 混合拌勻即成麵糊。

02. 麵糊蓋上保鮮膜，靜置鬆弛 30 分鐘。

03. 平底鍋抹油，預熱至微溫，在鍋子中心放入少許杏仁片，再將 1 小匙麵糊淋在杏仁片上，形成圓片狀，煎到表面的泡泡開始陸續破掉，此時翻面續煎約 10 秒，起鍋，即可繼續製作下一片鬆餅，直到麵糊用盡。

鬆餅 MEMO

用來製作點心的杏仁粉可以在市場或是烘焙材料行購得。不論是南杏、北杏或美國杏仁，都有豐富的不飽和脂肪酸和維生素。製作之前確認杏仁已經磨碎，最好再篩過一遍，點心的質感會更細緻。

草莓甜心美式

Strawberry Pancake

材料 Ingredients

新鮮草莓 100 克、牛奶 150 克、切片的新鮮草莓 100 克

❶ 低筋麵粉 150 克、糖粉 40 克、玉米粉 15 克、泡打粉 1/2 小匙、小蘇打粉 1/4 小匙、鹽少許

❷ 蛋 1 個、無鹽奶油 15 克（隔水融化）、蘭姆酒 15c.c.

份量 Serve

8 片，直徑 9 公分的圓形薄片

鬆餅 MEMO

讓草莓鬆餅更好吃的祕訣，除了麵糊中加入草莓牛奶外，還加入了新鮮草莓片，每一口都吃到滿滿的草莓香。

做法 How to Make

01. 草莓去蒂頭，洗淨後擦乾，與牛奶一同放入果汁機打成草莓牛奶，再用細目濾網過濾一次。（圖 1）（圖 2）

02. 材料 ❶ 混合過篩，加入做法 01 和材料 ❷ 混合，最後加入切片的新鮮草莓混合拌勻即成麵糊。（圖 3）

03. 麵糊蓋上保鮮膜，靜置鬆弛 30 分鐘。

04. 平底鍋抹油，預熱至微溫，舀入 2 大匙麵糊，在鍋子中心點形成圓片狀，煎到表面的泡泡開始陸續破掉，此時翻面續煎約 10 秒，起鍋，即可繼續製作下一片鬆餅，直到麵糊用盡。（圖 4）

酸酸甜甜的草莓，大
小朋友都無法抗拒它
的美味。

熱熱的鬆餅頂上，有點融化
的巧克力，感覺超滿足。

布朗尼美式

Brownie Pancake

材料 Ingredients

水滴巧克力 55 克

❶ 低筋麵粉 150 克、糖粉 40 克、可可粉 5 克、玉米粉 15 克、泡打粉 1/2 小匙、小蘇打粉 1/4 小匙、鹽少許

❷ 蛋 1 個、牛奶 150 克、無鹽奶油 15 克（隔水融化）、蘭姆酒 15c.c.

份量 Serve

8 片，直徑 9 公分的圓形薄片

鬆餅 MEMO

市售巧克力幾乎都不需要冷藏，冷藏過後的巧克力反而風味盡失，因此不要一次買太多巧克力。

做法 How to Make

01. 材料 ❶ 混合過篩，加入材料 ❷ 混勻，最後加入水滴巧克力拌勻即成麵糊。（圖1）

02. 麵糊蓋上保鮮膜，靜置鬆弛 30 分鐘。

03. 平底鍋抹油，預熱至微溫，舀入 1 大匙麵糊，在鍋子中心點形成圓片狀，煎到表面的泡泡開始陸續破掉，此時翻面續煎約 10 秒，起鍋，即可繼續製作下一片鬆餅，直到麵糊用盡。（圖 2）

1　2

水果乾和南瓜
子增加了鬆餅
的耐嚼度！

果乾南瓜子美式

Pumpkin Seeds Pancake

材料 Ingredients

水果乾 30 克、南瓜子 20 克

❶ 低筋麵粉 150 克、玉米粉 20 克、糖粉 30 克、泡打粉 1/2 小匙、小蘇打粉 1/4 小匙、鹽少許

❷ 蛋 1 個、牛奶 150 克、無鹽奶油 15 克（隔水融化）

份量 Serve

4 片，直徑 9 公分的圓形厚片

鬆餅 MEMO

水果乾的選擇很多，挑選信賴的品牌即可，也可以自行製作，吃得更安心。

做法 How to Make

01. 材料 ❶ 混合過篩，加入材料 ❷ 混勻即成麵糊。

02. 麵糊蓋上保鮮膜，靜置鬆弛 30 分鐘。

03. 平底鍋抹油，預熱至微溫，放入鋼圈模後，將南瓜子撒在模內，接著舀入 2 大匙麵糊，煎到表面的泡泡開始陸續破掉，此時翻面續煎約 1 分鐘，起鍋，即可繼續製作下一片鬆餅，直到麵糊用盡。

椰子杏果美式

Coconut Apricot Pancake

好有東南亞風情
的一款鬆餅阿！

材料 Ingredients

椰子粉 2 大匙（預留少量撒在鍋面
上）、切碎的帶皮杏仁 30 克
❶ 低筋麵粉 150 克、玉米粉 20 克、
糖粉 30 克、泡打粉 1/2 小匙、小蘇
打粉 1/4 小匙、鹽少許
❷ 蛋 1 個、椰漿 170 克

份量 Serve

4 片，直徑 9 公分的圓型厚片

鬆餅 MEMO

椰子粉可以在東南亞食品行、烘焙
材料行等商店購得。椰子粉和椰子
絲都很適合用來製作點心。

做法 How to Make

01. 材料 ❶ 混合過篩，加入材料 ❷ 混勻，再加入椰子粉和切碎的帶皮杏仁拌勻即成麵糊。

02. 麵糊蓋上保鮮膜，靜置鬆弛 30 分鐘。

03. 平底鍋抹油，預熱至微溫，放上鋼圈模，撒入少許椰子粉後，接著舀入 1 大匙麵糊，煎到
表面的泡泡開始陸續破掉，此時翻面續煎約 1 分鐘，起鍋，即可繼續製作下一片鬆餅，直
到麵糊用盡。

薄荷葉的香氣和白巧
克力互相輝映，香甜
滋味讓人停不下口。

白巧克力薄荷美式

White Chocolate Mint Pancake

材料 Ingredients

白巧克力甘納許 100 克（做法參照 P.17）、薄荷葉 30 克

❶ 低筋麵粉 150 克、糖粉 40 克、玉米粉 15 克、泡打粉 1/2 小匙、小蘇打粉 1/4 小匙、鹽少許

❷ 蛋 1 個、牛奶 100 克、動物性鮮奶油 50 克、無鹽奶油 15 克（隔水融化）、君度橙酒 15c.c.

份量 Serve

8 片，直徑 9 公分的圓形薄片

鬆餅 MEMO

薄荷葉可以改用薄荷茶來替代，新鮮薄荷或乾薄荷都有強烈的香氣，皆可使用。

 做法 How to Make

01. 材料 ❶ 混合過篩，加入材料 ❷ 混勻即成麵糊。

02. 麵糊蓋上保鮮膜，靜置鬆弛 30 分鐘。

03. 平底鍋抹油，預熱至微溫，把薄荷葉放在鍋子中央，舀入 1 大匙麵糊蓋在薄荷葉上，煎到表面的泡泡開始陸續破掉，此時翻面續煎約 10 秒，起鍋，即可繼續製作下一片鬆餅，直到麵糊用盡。

04. 搭配白巧克力甘納許，即可品嘗。

香蕉燕麥美式

Oatmeal Banana
Pancake

香蕉和肉桂的
味道非常搭，
不妨試試！

材料 Ingredients

香蕉 200 克、即溶燕麥片 2 大匙、
楓糖適量

❶ 低筋麵粉 150 克、糖粉 30 克、玉
米粉 20 克、泡打粉 1/2 小匙、小蘇
打粉 1/4 小匙、肉桂粉 1/4 小匙、鹽
少許

❷ 蛋 1 個、牛奶 180 克、無鹽奶油
15 克（隔水融化）、蘭姆酒 15c.c.

份量 Serve

6 片，直徑 12 公分的圓形薄片

鬆餅 MEMO

香蕉和燕麥都有豐富的纖維，也非常
適合製作點心。

做法 How to Make

01. 材料 ❶ 混合過篩，加入材料 ❷ 混拌，最後加入即溶燕麥片拌勻即成麵糊。

02. 麵糊蓋上保鮮膜，靜置鬆弛 30 分鐘。

03. 香蕉去皮，切成 0.5 公分的片狀。

04. 平底鍋抹油，預熱至微溫，舀入 1 大匙麵糊，在鍋子中心點形成圓片狀，擺上 3 片做法
    03，再淋上 1 大匙麵糊，立刻剷起翻面，續煎約 15 秒，起鍋，即可繼續製作下一片鬆餅，
    直到麵糊用盡。

05. 淋上楓糖，即可品嘗。

紅棗和核桃都屬於
相當健康的食材，
而且很美味。

紅棗核桃美式

Walnut Date Pancake

材料 Ingredients

蘭姆酒 15c.c.、無籽紅棗 50 克、核桃
30 克
❶ 低筋麵粉 150 克、玉米粉 20 克、
糖粉 40 克、泡打粉 1/2 小匙、小蘇打
粉 1/4 小匙、鹽少許
❷ 蛋 1 個、牛奶 150 克、無鹽奶油 15
克（隔水融化）

份量 Serve

8 片，直徑 9 公分的圓形薄片

鬆餅 MEMO

這裡使用的紅棗是用糖蜜過的紅
棗，此外，也可以使用加州黑棗、
椰棗等。

做法 How to Make

01. 無籽紅棗切小塊浸泡在蘭姆酒內。核桃切碎。

02. 材料 ❶ 混合過篩，加入材料 ❷ 混勻，最後加入做法 *01* 拌勻即成麵糊。

03. 麵糊蓋上保鮮膜，靜置鬆弛 30 分鐘。

04. 平底鍋抹油，預熱至微溫，舀入 1 大匙麵糊，在鍋子中心點形成圓片狀，煎到表面的泡泡
開始陸續破掉，此時翻面續煎約 10 秒，起鍋，即可繼續製作下一片鬆餅，直到麵糊用盡。

蘭姆葡萄乾美式

Rum Raisin Pancake

浸泡過蘭姆酒的
葡萄乾,讓鬆餅
的香氣更足。

材料 Ingredients

葡萄乾 30 克、蘭姆酒 15c.c.、開心果
粉末 20 公克

❶ 低筋麵粉 150 公克、糖粉 40 公克、
玉米粉 15 公克、泡打粉 1/2 小匙、小
蘇打粉 1/4 小匙、鹽少許

❷ 蛋 1 個、牛奶 150 克、無鹽奶油 15
克(隔水融化)

份量 Serve

8 片,直徑 9 公分的圓形薄片

鬆餅 MEMO

開心果粉末就是去皮的開心果放入
咖啡研磨機內磨碎成粉末狀,冷凍
保存。

 ## 做法 How to Make

01. 葡萄乾浸泡在蘭姆酒內約 15 分鐘。

02. 材料 ❶ 混合過篩,加入材料 ❷ 混勻,最後加入開心果粉末拌勻即成麵糊。

03. 平底鍋抹油,預熱至微溫,把 4 ～ 5 顆葡萄乾擺在鍋子中央,接著舀入 1 大匙麵糊蓋過葡
萄乾,煎到表面的泡泡開始陸續破掉,此時翻面續煎約 10 秒,起鍋,即可繼續製作下一
片鬆餅,直到麵糊用盡。

04. 搭配香緹鮮奶油,並在香緹鮮奶油表面撒上少許份量外的開心果粉末,即可品嘗。

Part 4.

麻糬鬆餅
Mochi Waffle

麻糬鬆餅在製作完成的那一刻最好
吃,外酥內軟,又帶點 QQ 的口感,
相當耐嚼,和純粹使用麵粉和奶油的
西式鬆餅略有不同。

TIP

製作鬆餅前，看這邊！

● 麻糬鬆餅使用兩種烤盤來製作，分別是三角形烤盤和雞蛋糕烤盤。三角形烤盤尺寸為 10×24 公分，雞蛋糕烤盤尺寸為 13×22.5 公分，內有 8 個模，單個雞蛋糕模為 4.5 公分長。

● 麵糊靜置鬆弛的時間至少 30 分鐘。

● 麻糬鬆餅冷了以後會變得比較軟，這時候可以再次加熱，直接將鬆餅放在平底鍋上乾煎，或是放在電鍋內加熱，不加水按下啟動鍵，待跳起即可。

● 糯米粉和高筋麵粉屬於不必過篩的粉類，但如果材料中有泡打粉，還是必須過篩。建議將這三種粉料加在一起後，混合過篩，以避免泡打粉混合不均。

● 材料中的植物油可以使用家中炒菜用的液態油，不論是沙拉油、橄欖油、葵花油或是麻油皆可。

原味麻糬鬆餅

Original Flavor Mochi Waffle

材料 Ingredients

❶ 糯米粉 60 克、高筋麵粉 30 克、泡打粉 1/2 小匙、細糖 20 克
❷ 植物油 15 克、豆漿 40 克、蛋 1 個

份量 Serve

24 個，雞蛋糕狀

 x 6

鬆餅 MEMO

如果希望麻糬鬆餅散發特殊的香氣，也可以使用黑糖、二砂或是綿白糖來取代細糖。

做法 How to Make

01. 材料 ❶ 混合過篩，加入材料 ❷，用網狀攪拌器拌勻，直到材料均勻融合成麵糊，也就是舉起網狀攪拌器時，麵糊會自然地流下。（圖 1）（圖 2）（圖 3）

02. 麵糊蓋上保鮮膜，靜置鬆弛 30 分鐘。

03. 鬆餅機預熱，預熱完成後，用毛刷沾取少許無鹽奶油塗抹在烤盤內。

04. 舀入麵糊，蓋上機器上蓋進行加熱。（圖 4）

05. 加熱完畢後戴上隔熱手套，打開鬆餅機取出完成的鬆餅，即可品嘗。（圖 5）

麻糬鬆餅QQ的口
感，一吃就愛上。

香培芝麻麻糬鬆餅

Sesame Mochi Waffle

材料 Ingredients

❶ 糯米粉 60 克、黑芝麻粉 15 克、高筋麵粉 15 克、泡打粉 1/2 小匙

❷ 植物油 15 克、豆漿 40c.c.、蛋 1 個

份量 Serve

4 片，三角形

做法 How to Make

01. 材料 ❶ 混合過篩，加入材料 ❷，用網狀攪拌器拌勻即成麵糊。

02. 麵糊蓋上保鮮膜，靜置鬆弛 30 分鐘。

03. 鬆餅機預熱，預熱完成後，用毛刷沾取少許無鹽奶油塗抹在烤盤內。

04. 舀入麵糊，蓋上機器上蓋進行加熱。

05. 加熱完畢後戴上隔熱手套，打開鬆餅機取出完成的鬆餅，即可品嘗。

鬆餅 MEMO

製作這款鬆餅的時候，配方中的植物油可以改成芝麻油，這樣芝麻香會更濃郁。

黑黑的芝麻雖然不太起眼，但香氣卻相當吸引人。

養生紫地瓜麻糬鬆餅

Purple Potato Mochi Waffle

材料 Ingredients

紫地瓜泥 100 克
❶ 糯米粉 60 克、高筋麵粉 30 克、泡
打粉 1/2 小匙、細糖 20 克
❷ 植物油 15 克、豆漿 40c.c.、蛋 1 個

份量 Serve

4 片，三角形

做法 How to Make

01. 材料 ❶ 混合過篩，加入材料 ❷，用網狀
攪拌器仔細攪拌均勻即成麵糊。

02. 麵糊蓋上保鮮膜，靜置鬆弛 30 分鐘。

03. 鬆餅機預熱，用毛刷沾取少許無鹽奶油
塗抹在烤盤內，舀入麵糊，約 7 分滿，填
入地瓜泥後，再舀入麵糊蓋住地瓜泥，
接著蓋上機器上蓋進行加熱。

04. 加熱完畢後戴上隔熱手套，打開鬆餅機
取出完成的鬆餅，即可品嘗。

鬆餅 MEMO

1. 漂亮做出有夾餡的鬆餅，祕訣是第一次舀入約
7 分滿的麵糊，讓麵糊稍微熟了之後再填入夾餡，
接著蓋上剩餘的麵糊。
2. 通常我會先將紫地瓜去皮蒸熟搗成泥，放在夾
鍊塑膠袋內冷凍保存，需要使用時再取出退冰，
如此一來就不必擔心臨時找不到紫地瓜了。

咬下一口，滿是地
瓜特有的香氣！

加入中式甜點中常見的酒釀和枸杞，好有東方風味！

酒釀枸杞麻糬鬆餅

Matrimony Vine
Mochi Waffle

材料 Ingredients

新鮮枸杞 25 克
❶ 糯米粉 60 克、高筋麵粉 30 克、泡打粉 1/2 小匙、細糖 20 克
❷ 植物油 15 克、酒釀 15 克、豆漿 25 克、蛋 1 個

份量 Serve

24 個，雞蛋糕狀

 x 6

鬆餅 MEMO

1. 挖取酒釀的時候，湯匙必須是乾淨、無油水的狀態。
2. 枸杞如果太乾硬，建議浸泡在熱開水中，使其軟化，但不要泡太久，須立刻取出。

 做法 How to Make

01. 材料 ❶ 混合過篩，加入材料 ❷，用網狀攪拌器仔細攪拌，最後加入枸杞拌勻即成麵糊。

02. 麵糊蓋上保鮮膜，靜置鬆弛 30 分鐘。

03. 鬆餅機預熱，預熱完成後，用毛刷沾取少許無鹽奶油塗抹在烤盤內。

04. 舀入麵糊，蓋上機器上蓋進行加熱。

05. 加熱完畢後戴上隔熱手套，打開鬆餅機取出完成的鬆餅，即可品嘗。

紅豆抹茶麻糬鬆餅

Red Bean & Green Tea
Mochi Waffle

咬下一口，裡頭是漂亮的抹茶綠，透出淡淡的抹茶香。

材料 Ingredients

蜜紅豆 75 克

❶ 糯米粉 60 克、高筋麵粉 30 克、烘焙用抹茶粉 1 小匙、泡打粉 1/2 小匙、細糖 20 克

❷ 植物油 15 克、豆漿 40c.c.、蛋 1 個

份量 Serve

24 個，雞蛋糕狀

 x6

鬆餅 MEMO

蜜紅豆可在超市、烘焙材料行購得。

做法 How to Make

01. 材料 ❶ 混合過篩，加入材料 ❷，用網狀攪拌器仔細攪拌，最後加入蜜紅豆拌勻即成麵糊。

02. 麵糊蓋上保鮮膜，靜置鬆弛 30 分鐘。

03. 鬆餅機預熱，預熱完成後，用毛刷沾取少許無鹽奶油塗抹在烤盤內。

04. 舀入麵糊，蓋上機器上蓋進行加熱。

05. 加熱完畢後戴上隔熱手套，打開鬆餅機取出完成的鬆餅，即可品嘗。

小紅莓果香麻糬鬆餅

Cranberry Mochi Waffle

材料 Ingredients

小紅莓 75 克（新鮮或冷凍皆可）、
細糖 25 克、白酒 25c.c.、水 20 ～
40 克（視麵糊濃稠作調整）
❶ 糯米粉 60 克、高筋麵粉 30 克、
泡打粉 1/2 小匙、丁香粉 1/4 小匙、
細糖 20 克
❷ 植物油 15 克、蛋 1 個

份量 Serve

24 個，雞蛋糕狀

 x 6

鬆餅 MEMO

1. 小紅莓的果粒比較大顆，事先以
糖和酒浸泡過，可以軟化小紅莓的
組織，嘗起來也會有甜甜的味道。
2. 做法 *02* 的麵糊如果太稠則加入
水，太稀則加入高筋麵粉，攪拌到
舀起麵糊的時候，可以自然向下流
的狀態。

做法 How to Make

01. 在攪拌盆中放入小紅莓、細糖和白酒混合，
預先浸泡半天，讓小紅莓軟化出汁。（圖 1）

02. 材料 ❶ 混合過篩，加入材料 ❷ 和做法
01，用網狀攪拌器仔細攪拌均勻即成麵糊。

03. 麵糊蓋上保鮮膜，靜置鬆弛 30 分鐘。

04. 鬆餅機預熱，預熱完成後，用毛刷沾取少
許無鹽奶油塗抹在烤盤內。

05. 舀入麵糊，每個模型內放入一顆小紅莓，
蓋上機器上蓋進行加熱。（圖 2）

06. 加熱完畢後戴上隔熱手套，打開鬆餅機取
出完成的鬆餅，即可品嘗。

酸酸甜甜的小
紅莓，為鬆餅
增色不少。

充滿水蜜桃馥郁的香
氣，誰能不愛呢？

香濃水蜜桃麻糬鬆餅

Peach Mochi Waffle

材料 Ingredients

罐頭水蜜桃 120 克
❶ 糯米粉 60 克、高筋麵粉 30 克、泡打粉 1/2 小匙、細糖 20 克
❷ 植物油 15 克、蛋 1 個

份量 Serve

24 個，雞蛋糕狀

x 6

鬆餅 MEMO

麵糊如果太濃稠，可以酌量添加水蜜桃汁來調整；如果麵糊太稀，就再加點麵粉。

做法 How to Make

01. 罐頭水蜜桃放入果汁機內攪打成泥。
02. 材料 ❶ 混合過篩，加入材料 ❷，再加入做法 01 混勻即成麵糊。（圖1）（圖2）
03. 麵糊蓋上保鮮膜，靜置鬆弛 30 分鐘。
04. 鬆餅機預熱，預熱完成後，用毛刷沾取少許無鹽奶油塗抹在烤盤內。
05. 舀入麵糊，蓋上機器上蓋進行加熱。
06. 加熱完畢後戴上隔熱手套，打開鬆餅機取出完成的鬆餅，即可品嘗。

酸酸甜甜的洛神花果茶，讓鬆餅的味道更優。

洛神花果茶麻糬鬆餅

Loshan Tea Mochi Waffle

材料 Ingredients

洛神花 1 大匙、熱水 100c.c.
❶ 糯米粉 60 克、高筋麵粉 30 克、泡打粉 1/2 小匙、細糖 20 克
❷ 植物油 15 克、蛋 1 個

份量 Serve

4 片，三角形

鬆餅 MEMO

洛神花是台灣東部的名產，可以製成許多獨具風味的伴手禮。用洛神花沖茶，再用茶汁調製麵糊，可以品嘗到別具風味的特色鬆餅。

做法 How to Make

01. 用熱水沖泡洛神花，浸泡約 3 分鐘後，透過濾茶網濾出茶汁，保留洛神花瓣，待加入麵糊中。

02. 材料 ❶ 混合過篩，加入材料 ❷、做法 01，用網狀攪拌器拌勻即成麵糊。

03. 麵糊蓋上保鮮膜，靜置鬆弛 30 分鐘。

04. 鬆餅機預熱，預熱完成後，用毛刷沾取少許無鹽奶油塗抹在烤盤內。

05. 舀入麵糊，蓋上機器上蓋進行加熱。

06. 加熱完畢後戴上隔熱手套，打開鬆餅機取出完成的鬆餅，即可品嘗。

紅麴玫瑰麻糬鬆餅

Rose Mochi Waffle

加入玫瑰的鬆餅，不但漂亮，還很好吃呢！

材料 Ingredients

乾燥玫瑰花瓣 1 大匙（預留少許碎花瓣當裝飾）、熱水 70c.c.

❶ 糯米粉 60 克、高筋麵粉 30 克、泡打粉 1/2 小匙、細糖 20 克

❷ 植物油 15 克、紅麴醬 1 小匙、蛋 1 個

份量 Serve

4 片，三角形

鬆餅 MEMO

紅麴就是市場上常見的紅糟，有時可以看到乾的粉狀，但大部分都是以醬的狀態販售，平常滷製豆干、燒肉的時候可以酌量添加。

做法 How to Make

01. 在茶杯內放入乾燥玫瑰花瓣，沖入熱水浸泡 5 分鐘，取茶汁備用。

02. 材料 ❶ 混合過篩，加入材料 ❷ 和做法 01，用網狀攪拌器仔細攪拌即成麵糊。

03. 麵糊蓋上保鮮膜，靜置鬆弛 30 分鐘。

04. 鬆餅機預熱，預熱完成後，用毛刷沾取少許無鹽奶油塗抹在烤盤內。

05. 舀入麵糊，表面撒上剩下的乾燥玫瑰花瓣，蓋上機器上蓋進行加熱。

06. 加熱完畢後戴上隔熱手套，打開鬆餅機取出完成的鬆餅，即可品嘗。

濃郁的起司和
清新的羅勒，
絕妙的組合。

起司羅勒麻糬鬆餅

Cheese Basil Mochi Waffle

材料 Ingredients

帕馬森起司粉 25 克、青醬 2 小匙（做法參照 P.63 鬆餅 MEMO）

❶ 糯米粉 60 克、高筋麵粉 30 克、泡打粉 1/2 小匙、細糖 20 克

❷ 植物油 15 克、豆漿 40 克、蛋 1 個

份量 Serve

24 個，雞蛋糕狀

 x 6

鬆餅 MEMO

可參照 P.63 自製青醬，或是直接買現成的也 OK。

做法 How to Make

01. 材料 ❶ 混合過篩，加入材料 ❷，用網狀攪拌器仔細攪拌，最後加入青醬混勻即成麵糊。（圖 1）

02. 麵糊蓋上保鮮膜，靜置鬆弛 30 分鐘。

03. 鬆餅機預熱，預熱完成後，用毛刷沾取少許無鹽奶油塗抹在烤盤內。

04. 舀入麵糊，撒上帕馬森起司粉，蓋上機器上蓋進行加熱。（圖 2）

05. 加熱完畢後戴上隔熱手套，打開鬆餅機取出完成的鬆餅，即可品嘗。

1 2

甜甜軟軟的質感
中，又帶點玉米
濃湯的鹹香滋味。

玉米巧達麻糬鬆餅

Corn Chowder Mochi Waffle

材料 Ingredients

玉米粒 2 大匙、玉米濃湯粉 1 大匙、
乾燥巴西利葉 1 小匙

❶ 糯米粉 60 克、高筋麵粉 30 克、泡
打粉 1/2 小匙、細糖 20 克

❷ 植物油 15 克、豆漿 40 克、蛋 1 個

份量 Serve

24 個，雞蛋糕狀

 x 6

鬆餅 MEMO

玉米濃湯粉不限品牌，選用自己喜
歡的就可以了。

做法 How to Make

01. 玉米粒切碎。

02. 在攪拌盆中放入做法 01、玉米濃湯粉和巴
西利葉，混勻。（圖 1）

03. 材料 ❶ 混合過篩，加入材料 ❷，用網狀
攪拌器仔細攪拌，再加入做法 02 混勻即
成麵糊。（圖 2）

04. 麵糊蓋上保鮮膜，靜置鬆弛 30 分鐘。

05. 鬆餅機預熱，預熱完成後，用毛刷沾取少
許無鹽奶油塗抹在烤盤內。

06. 舀入麵糊，蓋上機器上蓋進行加熱。（圖 3）

07. 加熱完成後取出鬆餅，即可品嘗。

紫菜片微微的
辣度，更刺激
了味蕾。

辛辣紫菜麻糬鬆餅

Spicy Seaweed Mochi Waffle

材料 Ingredients

辣味紫菜片 2 大片、七味粉 1 小匙
❶ 糯米粉 60 克、高筋麵粉 30 克、泡
打粉 1/2 小匙、細糖 20 克
❷ 植物油 15 克、豆漿 40c.c.、蛋 1 個

份量 Serve

4 片，三角形

◣ ◣ ◣ ◣

鬆餅 MEMO

也可以將紫菜剪成紫菜碎片，再加
入麵糊中。

做法 How to Make

01. 將辣味紫菜片裁剪成與烤盤尺寸相等的三角形片狀。

02. 材料 ❶ 混合過篩，加入材料 ❷，用網狀攪拌器仔細攪拌，最後加入七味粉拌勻即成麵糊。

03. 麵糊蓋上保鮮膜，靜置鬆弛 30 分鐘。

04. 鬆餅機預熱，預熱完成後，用毛刷沾取少許無鹽奶油塗抹在烤盤內。

05. 舀入麵糊，鋪上做法 *01*，蓋上機器上蓋進行加熱。

06. 加熱完畢後戴上隔熱手套，打開鬆餅機取出完成的鬆餅，即可品嘗。

白巧克力金棗
麻糬鬆餅

White Chocolate & Kumquat
Mochi Waffle

材料 Ingredients

蜜金棗 2 個、白巧克力甘納許 200 克
（做法參照 P.17）

❶ 糯米粉 6o 克、高筋麵粉 30 克、泡
打粉 1/2 小匙、細糖 20 克

❷ 植物油 15 克、濃縮金棗醬 1 大匙、
水 30 克、蛋 1 個

份量 Serve

4 片，三角形

鬆餅 MEMO

濃縮金棗醬是宜蘭當地的特產，把
金棗混合冰糖熬煮製作，適合直接
加水當茶飲喝，也可以當做甜點的
調味醬。

黃澄澄的蜜金
棗好討喜，嚼
感也很棒。

做法 How to Make

01. 蜜金棗切片。

02. 材料 ❶ 混合過篩，加入材料 ❷，用網狀攪拌器仔細拌勻即成麵糊。

03. 麵糊蓋上保鮮膜，靜置鬆弛 30 分鐘。

04. 鬆餅機預熱，預熱完成後，用毛刷沾取少許無鹽奶油塗抹在烤盤內。

05. 舀入麵糊，蓋上機器上蓋進行加熱。

06. 加熱完成後取出鬆餅，放置在網架上，網架下面放一個鋼盤，淋上白巧克力甘納許，表面
放上做法 *01*，即可品嘗。

Part 5.

銅鑼燒鬆餅
Dorayaki Waffle

把日式銅鑼燒的麵糊做成鬆餅，不論
是厚片還是薄片都相當軟綿好吃，再
搭配一杯綠茶慢慢品嘗，好幸福！

製作鬆餅前，看這邊！

● 銅鑼燒鬆餅用了兩種機型，一種是薄片鬆餅機，另一種是厚片鬆餅機，兩種機器的烤盤直徑都是 17 公分。也可以使用平底鍋來製作，將麵糊舀入抹油的平底鍋內，煎成圓片狀，中間再夾入喜歡的餡料即可。

● 凡是配方中有添加蜂蜜或是醬油的鬆餅，烤好的顏色會偏深。有些鬆餅機可以調整鬆餅的顏色，可視情況自行斟酌調整。

● 麵糊靜置鬆弛的時間至少 30 分鐘。

● 吃不完的鬆餅須放入塑膠袋或保鮮盒內，可冷藏保鮮 5 ～ 7 天。想吃的時候用電鍋稍微加熱一下即可，外鍋放 1/2 杯水，每次加熱 2 ～ 4 片。

原味銅鑼燒鬆餅

Original Flavor Dorayaki Waffle

材料 Ingredients

蛋 100 克、細糖 40 克

❶ 低筋麵粉 100 克、泡打粉 1/2 小匙、小蘇打粉 1/4 小匙、鹽少許

❷ 蜂蜜 20 克、米霖 10c.c.、米酒 10c.c.

❸ 香緹鮮奶油 200 公克（做法參照 P.16）、蜜紅豆粒 1 大匙

份量 Serve

1 片，直徑 17 公分的圓形厚片

鬆餅 MEMO

冬天時可以在做法 01 的攪拌盆底下墊一盆熱水，幫助蛋起泡。

做法 How to Make

01. 蛋和細糖放入乾淨的攪拌盆，用電動打蛋器快速打至粗粒泡沫狀，轉中速繼續打到蛋液顏色變淡、體積膨脹，也就是提起打蛋器時，蛋液如絲綢般下墜。（圖 1）

02. 材料 ❶ 過篩後加入，用網狀攪拌器輕輕攪拌均勻。（圖 2）

03. 材料 ❷ 混合後加入，用網狀攪拌器拌勻即成麵糊。（圖 3）（圖 4）

04. 麵糊蓋上保鮮膜，靜置鬆弛 30 分鐘。

05. 鬆餅機預熱，預熱完成後，用毛刷沾取少許無鹽奶油塗抹在烤盤內。（圖 5）

06. 舀入麵糊，蓋上機器上蓋進行加熱。（圖 6）

07. 加熱完畢後戴上隔熱手套，打開鬆餅機取出完成的鬆餅。（圖 7）

08. 將香緹鮮奶油與蜜紅豆粒混合拌勻，即可搭配品嘗。

飄散著淡淡
的蜂蜜香氣
和麵粉香。

紫米和燕麥讓
鬆餅更耐嚼。

紫米燕麥銅鑼燒鬆餅

Black Rice & Oatmeal
Dorayaki Waffle

材料 Ingredients

熟紫米 65 克、燕麥片 15 克、蛋 100
克、細糖 40 克

❶ 低筋麵粉 90 克、泡打粉 1/2 小匙、
小蘇打粉 1/4 小匙、鹽 1/2 小匙

❷ 米霖 10c.c.、米酒 10c.c.

份量 Serve

1 片，直徑 17 公分的圓形厚片

鬆餅 MEMO

煮紫米之前先將清洗過的紫米浸泡
過，紫米屬於糯米的一種，烹煮時
水量不必太多，通常 1 杯紫米搭配
0.8 杯的水量（量米杯）即可。

做法 How to Make

01. 蛋和細糖放入乾淨的攪拌盆中，用電動打蛋器快速打至膨脹起泡。

02. 材料 ❶ 過篩加入拌勻，接著加入材料 ❷ 拌勻，最後加入熟紫米和燕麥片拌勻即成麵糊。

03. 麵糊蓋上保鮮膜，靜置鬆弛 30 分鐘。

04. 鬆餅機預熱，預熱完成後，用毛刷沾取少許無鹽奶油塗抹在烤盤內。

05. 舀入麵糊，蓋上機器上蓋進行加熱。

06. 加熱完畢後戴上隔熱手套，打開鬆餅機取出完成的鬆餅，即可品嘗。

葡萄美酒銅鑼燒鬆餅

Red Wine
Dorayaki Waffle

材料 Ingredients

葡萄乾 1 大匙、紅酒 50c.c.、蛋 100 克、
細糖 40 克

❶ 低筋麵粉 100 克、泡打粉 1/2 小匙、
小蘇打粉 1/4 小匙、鹽 1/2 小匙

❷ 蜂蜜 20 克、米霖 10c.c.

份量 Serve

1 片，直徑 17 公分的圓形厚片

鬆餅 MEMO

將浸泡過葡萄乾的酒加入麵糊內，
可以增加鬆餅的香氣。

有迷人的紅酒香，
即使不喝酒也能
開心品嘗。

 做法 How to Make

01. 葡萄乾浸泡在紅酒中，約 30 分鐘。

02. 蛋和細糖放入乾淨的攪拌盆，用電動打蛋器快速打至膨脹起泡。

03. 材料 ❶ 過篩加入拌勻，接著加入材料 ❷ 拌勻即成麵糊。

04. 麵糊蓋上保鮮膜，靜置鬆弛 30 分鐘。

05. 鬆餅機預熱，預熱完成後，用毛刷沾取少許無鹽奶油塗抹在烤盤內，撒入一半的做法 *01*。

06. 舀入麵糊，再撒入剩餘的做法 *01*，蓋上機器上蓋進行加熱。

07. 加熱完畢後戴上隔熱手套，打開鬆餅機取出完成的鬆餅，即可品嘗。

胡蘿蔔銅鑼燒鬆餅

Carrots Dorayaki Waffle

材料 Ingredients

蛋 100 克、細糖 40 克、胡蘿蔔絲 60 克、新鮮迷迭香葉 1/2 小匙

❶ 低筋麵粉 100 克、泡打粉 1/2 小匙、小蘇打粉 1/4 小匙、鹽 1/2 小匙

❷ 蜂蜜 20 克、米霖 10C.C.、米酒 10C.C.

份量 Serve

1 片，直徑 17 公分的圓形厚片

鬆餅 MEMO

胡蘿蔔在刨絲之後很容易出水，務必擠乾水份再加入麵糊中。

營養豐富的胡蘿蔔，好適合做成點心！

做法 How to Make

01. 將胡蘿蔔絲的水份擠乾。迷迭香葉切碎。

02. 蛋和細糖放入乾淨的攪拌盆，用電動打蛋器快速打至膨脹起泡。

03. 材料 ❶ 過篩加入拌勻，接著加入材料 ❷ 拌勻，最後加入做法 *01* 拌勻即成麵糊。

04. 麵糊蓋上保鮮膜，靜置鬆弛 30 分鐘。。

05. 鬆餅機預熱，預熱完成後，用毛刷沾取少許無鹽奶油塗抹在烤盤內。

06. 舀入麵糊，蓋上機器上蓋進行加熱。

07. 加熱完畢後戴上隔熱手套，打開鬆餅機取出完成的鬆餅，即可品嘗。

芥末米香銅鑼燒鬆餅

Mustard Rice Dorayaki Waffle

材料 Ingredients

熟米飯 60 克、蛋 100 克、細糖 40 克
❶ 低筋麵粉 100 克、泡打粉 1/2 小匙、
小蘇打粉 1/4 小匙
❷ 鹽 1/2 小匙、綠芥末 2 小匙、米霖
10c.c.、米酒 10c.c.

份量 Serve

1 片，直徑 17 公分的圓形厚片

鬆餅 MEMO

使用芥末粉或是芥末醬都可以，份
量相同，改用歐式的芥末醬來製作
也別有一番風味！

好有日式風
情的一款鬆
餅阿！

做法 How to Make

01. 蛋和細糖放入乾淨的攪拌盆，用電動打蛋器快速打至膨脹起泡。

02. 材料 ❶ 過篩加入拌勻，接著加入材料 ❷ 拌勻，最後加入熟米飯拌勻即成麵糊。

03. 麵糊蓋上保鮮膜，靜置鬆弛 30 分鐘。

04. 鬆餅機預熱，預熱完成後，用毛刷沾取少許無鹽奶油塗抹在烤盤內。

05. 舀入麵糊，蓋上機器上蓋進行加熱。

06. 加熱完畢後戴上隔熱手套，打開鬆餅機取出完成的鬆餅，即可食用。

下午時分來一片
海苔銅鑼燒鬆
餅，好幸福。

海苔銅鑼燒鬆餅

Laver Dorayaki Waffle

材料 Ingredients

蛋 100 克、細糖 40 克、海苔粉 1 大匙
❶ 低筋麵粉 100 克、泡打粉 1/2 小匙、
小蘇打粉 1/4 小匙、鹽 1/2 小匙
❷ 米霖 10c.c.、米酒 10c.c.

份量 Serve

2 片，直徑 17 公分的花形薄片

鬆餅 MEMO

也可以改用飯島香鬆或是海苔絲來
取代海苔粉。

做法 How to Make

01. 蛋和細糖放入乾淨的攪拌盆，用電動打蛋
器快速打至膨脹起泡。

02. 材料 ❶ 過篩加入拌勻，接著加入材料 ❷ 拌
勻，再加入海苔粉拌勻即成麵糊。（圖 1）

03. 麵糊蓋上保鮮膜，靜置鬆弛 30 分鐘。

04. 鬆餅機預熱，預熱完成後，用毛刷沾取少
許無鹽奶油塗抹在烤盤內。

05. 舀入麵糊，蓋上機器上蓋進行加熱。（圖 2）

06. 加熱完畢後戴上隔熱手套，打開鬆餅機取
出完成的鬆餅，即可品嘗。（圖 3）

南瓜銅鑼燒鬆餅

Pumpkin Dorayaki Waffle

材料 Ingredients

黃豆粉 2 大匙、南瓜泥 100 克、蛋
50 克、細糖 20 克、蜂蜜適量
❶ 低筋麵粉 100 克、泡打粉 1/2 小
匙、小蘇打粉 1/4 小匙、鹽 1/2 小匙
❷ 米霖 10c.c.、米酒 10c.c.

份量 Serve

2 片，直徑 17 公分的花形薄片

鬆餅 MEMO

製作南瓜泥的方法，是將整顆南瓜
切開，放入電鍋加熱，外鍋的水量
視南瓜的量來決定，通常 1 ~ 2 杯
的水量就足夠蒸熟 1/2 顆南瓜。蒸
好的南瓜只取果肉部分，去除籽和
皮。如果南瓜泥的水份太多，務必
將多餘的水份透過濾網瀝掉。

做法 How to Make

01. 黃豆粉放入乾淨的炒鍋內，用小火炒到顏
色變略深、香氣散出，關火取出備用。

02. 蛋和細糖放入乾淨的攪拌盆，用電動打蛋
器快速打至膨脹起泡。

03. 材料 ❶ 過篩加入拌勻，加入材料 ❷ 拌勻，
再加入南瓜泥拌勻即成麵糊。（圖 1）

04. 麵糊蓋上保鮮膜，靜置鬆弛 30 分鐘。

05. 鬆餅機預熱，預熱完成後，用毛刷沾取少
許無鹽奶油塗抹在烤盤內。

06. 舀入麵糊，蓋上機器上蓋進行加熱。（圖 2）

07. 加熱完畢後戴上隔熱手套，打開鬆餅機取
出完成的鬆餅，放在盤子上，撒上黃豆粉、
搭配蜂蜜即可食用。（圖 3）

南瓜的鮮
甜可口展
露無遺。

黑糖有獨持的風
味，也含有較多的
礦物質和維生素。

黑糖香米銅鑼燒鬆餅

Brown Sugar Rice Dorayaki Waffle

材料 Ingredients

熟米飯 60 克、蛋 100 克、黑糖 40 克、
黑糖漿適量
❶ 低筋麵粉 100 克、泡打粉 1/2 小匙、
小蘇打粉 1/4 小匙、鹽 1/2 小匙
❷ 米霖 10c.c.、米酒 10c.c.

份量 Serve

2 片，直徑 17 公分的花形薄片

鬆餅 MEMO

使用顆粒分明的米飯較容易均勻拌
開，只要是平常食用的米飯都可以
用來製作。

做法 How to Make

01. 蛋和黑糖放入乾淨的攪拌盆，用電動打蛋器快速打至膨脹起泡。

02. 材料 ❶ 過篩加入拌勻，接著加入材料 ❷ 混勻，再加入熟米飯拌勻即成麵糊。

03. 麵糊蓋上保鮮膜，靜置鬆弛 30 分鐘。

04. 鬆餅機預熱，預熱完成後，用毛刷沾取少許無鹽奶油塗抹在烤盤內。

05. 舀入麵糊，蓋上機器上蓋進行加熱。

06. 加熱完畢後戴上隔熱手套，打開鬆餅機取出完成的鬆餅，將黑糖漿淋在鬆餅上，即可品嘗。

什穀米香銅鑼燒鬆餅

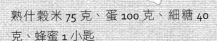

Assorted Rice
Dorayaki Waffle

富含纖維，健康度
百分百的點心。

材料 Ingredients

熟什穀米 75 克、蛋 100 克、細糖 40
克、蜂蜜 1 小匙

❶ 低筋麵粉 100 克、泡打粉 1/2 小匙、
小蘇打粉 1/4 小匙、鹽 1/2 小匙

❷ 米霖 10c.c.、米酒 10c.c.

份量 Serve

2 片，直徑 17 公分的花形薄片

鬆餅 MEMO

烹煮什穀米之前，要先將米洗淨，
浸泡足量的清水 3 小時，再加熱烹
煮。什穀米中含有豆類，並且是以
糙米為主要的米種，有益健康且纖
維豐富。

做法 How to Make

01. 蛋和細糖放入乾淨的攪拌盆，用電動打蛋器快速打至膨脹起泡。
02. 材料 ❶ 過篩加入拌勻，接著加入材料 ❷ 拌勻，最後加入熟什穀米拌勻即成麵糊。
03. 麵糊蓋上保鮮膜，靜置鬆弛 30 分鐘。
04. 鬆餅機預熱，預熱完成後，用毛刷沾取少許無鹽奶油塗抹在烤盤內。
05. 舀入麵糊，蓋上機器上蓋進行加熱。
06. 加熱完畢後戴上隔熱手套，打開鬆餅機取出完成的鬆餅，淋上蜂蜜，即可食用。

卡士達
紅茶銅鑼燒鬆餅
Black Tea & Custard
Dorayaki Waffle

材料 Ingredients

奇異果 1 顆、卡士達醬 200 克（做法參照 P.19）、蛋 100 克、細糖 40 克

❶ 低筋麵粉 100 克、泡打粉 1/2 小匙、小蘇打粉 1/4 小匙、鹽 1/2 小匙

❷ 米霖 10c.c.、米酒 10c.c.、切碎的紅茶葉 5 克

份量 Serve

1 片，直徑 17 公分的圓形厚片

鬆餅 MEMO

可以將奇異果換成草莓、桃子等水果。

做法 How to Make

01. 奇異果去皮切圓片。

02. 蛋和細糖放入乾淨的攪拌盆，用電動打蛋器快速打至膨脹起泡。

03. 材料 ❶ 過篩加入拌勻，接著加入材料 ❷ 拌勻即成麵糊。（圖 1）

04. 麵糊蓋上保鮮膜，靜置鬆弛 30 分鐘。

05. 鬆餅機預熱，預熱完成後，用毛刷沾取少許無鹽奶油塗抹在烤盤內。

06. 舀入麵糊，蓋上機器上蓋進行加熱。（圖 2）

07. 加熱完畢後戴上隔熱手套，打開鬆餅機取出完成的鬆餅，放在砧板上，切成 4 等份。

08. 每片鬆餅表面塗上適量的卡士達醬，放上奇異果，即可品嘗。（圖 3）

卡士達醬和酸味明
顯、質感軟滑的奇
異果真是絕配。

創意十足的鬆餅口
味，吃得到風乾番
茄和紫蘇塔的香

佛卡夏銅鑼燒鬆餅

Focaccia Dorayaki Waffle

材料 Ingredients

特純橄欖油 2 小匙、裝飾用新鮮九層塔適量、裝飾用蕃茄乾適量

❶ 蛋 100 克、細糖 40 克

❷ 低筋麵粉 100 克、泡打粉 1/2 小匙、小蘇打粉 1/4 小匙、鹽 1/2 小匙

❸ 米霖 10c.c.、米酒 10c.c.

❹ 市售風乾蕃茄 25 克、新鮮九層塔適量

份量 Serve

1 片，直徑 17 公分圓形厚片

鬆餅 MEMO

九層塔擁有特殊的香氣，如果在家中種上幾株，需要用到的時候便可現採現用。

做法 How to Make

01. 風乾蕃茄切碎備用。

02. 材料 ❶ 放入乾淨的攪拌盆，用電動打蛋器快速打至膨脹起泡。

03. 材料 ❷ 過篩加入拌勻，加入材料 ❸ 拌勻即成麵糊。

04. 麵糊蓋上保鮮膜，靜置鬆弛 30 分鐘。

05. 加入材料 ❹ 拌勻。（圖 1）

06. 鬆餅機預熱，預熱完成後，用毛刷沾取少許無鹽奶油塗抹在烤盤內。

07. 舀入麵糊，蓋上機器上蓋進行加熱。（圖 2）

08. 加熱完畢後戴上隔熱手套，打開鬆餅機取出完成的鬆餅，淋上特純橄欖油、放上裝飾用新鮮九層塔和蕃茄乾，即可品嘗。（圖 3）

1 2 3

使用了菠菜和蝦米，營養豐富，當成正餐也很飽足！

菠菜蝦米銅鑼燒鬆餅

Spinach Shrimp Dorayaki Waffle

材料 Ingredients

菠菜 30 克、櫻花蝦 1 大匙、熟米飯 60 克、蛋 100 克、細糖 40 克

❶ 低筋麵粉 100 克、泡打粉 1/2 小匙、小蘇打粉 1/4 小匙、鹽 1/2 小匙

❷ 米霖 10c.c.、米酒 10c.c.

份量 Serve

1 片，直徑 17 公分的圓形厚片

鬆餅 MEMO

菠菜與櫻花蝦的搭配，是餐桌上常見的菜色，把這兩樣材料加入鬆餅中，對於不喜歡吃甜點的人來說，應該是接受度非常高的一道點心。

做法 How to Make

01. 菠菜切碎。

02. 蛋和細糖放入乾淨的攪拌盆，用電動打蛋器快速打至膨脹起泡。

03. 材料 ❶ 過篩加入拌勻，接著加入材料 ❷ 拌勻，最後加入做法 01、櫻花蝦和熟米飯拌勻即成麵糊。

04. 麵糊蓋上保鮮膜，靜置鬆弛 30 分鐘。

05. 鬆餅機預熱，用毛刷沾取少許的奶油塗抹在烤盤內。

06. 舀入麵糊，蓋上機器上蓋進行加熱。

07. 加熱完畢後戴上隔熱手套，打開鬆餅機取出完成的鬆餅，即可品嘗。

元祖銅鑼燒鬆餅

Old Fashion Dorayaki Waffle

口味鹹香，充滿濃濃的東方風味！

材料 Ingredients

白芝麻粒 2 大匙、蛋 100 克、細糖 40 克

❶ 低筋麵粉 100 克、泡打粉 1/2 小匙、小蘇打粉 1/4 小匙

❷ 蜂蜜 20 克、米霖 10c.c.、米酒 10c.c.、醬油 1/2 小匙

份量 Serve

1 片，直徑 17 公分的圓形厚片

鬆餅 MEMO

因為麵糊內添加了醬油，除了口感比較偏鹹外，鬆餅的顏色也會變得比較深。

做法 How to Make

01. 蛋和細糖放入乾淨的攪拌盆，用電動打蛋器快速打至膨脹起泡。

02. 材料 ❶ 過篩加入拌勻，接著加入材料 ❷ 拌勻即成麵糊。

03. 麵糊蓋上保鮮膜，靜置鬆弛 30 分鐘。

04. 鬆餅機預熱，預熱完成後，用毛刷沾取少許無鹽奶油塗抹在烤盤內。

05. 烤盤內平均撒上白芝麻粒，舀入麵糊後，再次撒上白芝麻粒，蓋上機器上蓋進行加熱。

06. 加熱完畢後戴上隔熱手套，打開鬆餅機取出完成的鬆餅，即可品嘗。

鹹香的烏魚子和鬆餅好對味。

魚子銅鑼燒鬆餅

Mullet Roe Dorayaki Waffle

材料 Ingredients

烏魚子 30 克、新鮮蒜苗適量、美乃滋少許、蛋 100 克、細糖 20 克

❶ 低筋麵粉 100 克、泡打粉 1/2 小匙、小蘇打粉 1/4 小匙

❷ 米霖 10c.c.、米酒 10c.c.

份量 Serve

2 片，直徑 17 公分的花形薄片

鬆餅 MEMO

從商店買回烏魚子之後，要先撕掉表面的薄膜，接著拍上少許料理米酒，放入烤箱內，以 150℃ 左右烘烤，兩面各烘 5～7 分鐘即可，最後取出烏魚子切片，搭配生的白蘿蔔片和新鮮蒜苗片即可食用。

做法 How to Make

01. 將烏魚子稍微烤過，切碎。蒜苗切斜片。

02. 蛋和細糖放入乾淨的攪拌盆，用電動打蛋器快速打至膨脹起泡。

03. 材料 ❶ 過篩加入拌勻，接著加入材料 ❷ 拌勻，最後加入做法 01 的烏魚子拌勻即成麵糊。

04. 麵糊蓋上保鮮膜，靜置鬆弛 30 分鐘。

05. 鬆餅機預熱，預熱完成後，用毛刷沾取少許無鹽奶油塗抹在烤盤內。

06. 舀入麵糊，蓋上機器上蓋進行加熱。

07. 加熱完畢後戴上隔熱手套，打開鬆餅機取出完成的鬆餅，擠上美乃滋，放上蒜片，即可食用。

三星蔥米銅鑼燒鬆餅

Green Onion
Dorayaki Waffle

材料 Ingredients

蔥花 2 大匙、熟米飯 30 克、蛋 100
克、細糖 20 克

❶ 低筋麵粉 50 克、泡打粉 1/2 小匙、
小蘇打粉 1/4 小匙

❷ 米霖 10c.c.、米酒 10c.c.、鹽 1/4
小匙

份量 Serve

2 片，直徑 17 公分的花形薄片

鬆餅 MEMO

可以在 2 片鬆餅之間夾入蛋皮，滋
味更棒。蛋皮做法：將 1 顆蛋打散，
加一點鹽調味。平底鍋預熱，倒入少
許沙拉油覆滿鍋面，倒入蛋液，搖動
鍋子形成完整的蛋片，煎熟後起鍋。

三星蔥獨有的
香氣，完全散
發出來。

做法 How to Make

01. 蛋和細糖放入乾淨的攪拌盆，用電動打蛋器快速打至膨脹起泡。
02. 材料 ❶ 過篩加入拌勻，接著加入材料 ❷ 拌勻，最後加入蔥花和熟米飯拌勻，即成麵糊。
03. 麵糊蓋上保鮮膜，靜置鬆弛 30 分鐘。
04. 鬆餅機預熱，預熱完成後，用毛刷沾取少許無鹽奶油塗抹在烤盤內。
05. 舀入麵糊，蓋上機器上蓋進行加熱。
06. 加熱完畢後戴上隔熱手套，打開鬆餅機取出完成的鬆餅，搭配蛋皮即可食用。

Part 6.

法式薄餅
Crepes

不小心把鬆餅麵糊調得太稀，或是打
發蛋的步驟失敗時，就可以做成法式
薄餅喔！這是最有貴婦氣質的鬆餅，
需要搭配上醬汁和配料，適合用刀
叉切成塊狀，小口品嘗。

TIP

製作鬆餅前，看這邊！

● 麵粉務必過篩，以免麵糊產生難以溶解的顆粒狀麵塊。

● 攪拌好的麵糊一定要醒麵，靜置鬆弛至少 30 分鐘，可以讓麵糊內的材料互相融合，餅皮煎出來才會有漂亮的虎皮斑紋。

● 平底鍋不論材質都要塗抹食用油：用餐巾紙沾取少許沙拉油或融化的奶油，薄塗一層在平底鍋表面。

● 每片薄餅之間都要使用防黏烤紙或是保鮮膜來隔離，以免沾黏。做好的餅皮如果沒有淋上醬汁或是包入餡料，則可以放入保鮮盒或是塑膠袋內，冷藏保存 3 ～ 4 天。

柳橙干邑薄餅

Orange Cognac Crepes

材料 Ingredients

餅皮

篩過的低筋麵粉 100 克、細糖 20 克、香草精 1/2 小匙、蛋 1 個、牛奶 200c.c.、植物油 1 大匙、君度橙酒 1 小匙

醬汁

柳橙汁 200c.c.、柳橙果醬 100 克、白蘭地酒（即干邑酒）1 大匙

份量 Serve

5 片，直徑 26 公分的薄片餅皮

鬆餅 MEMO

醬汁材料中，柳橙的部分可以換成其他口味的果汁和水果醬，例如桑椹汁和桑椹果醬、百香果汁和百香果泥等。

做法 How to Make

01. 在攪拌盆中放入餅皮材料，用網狀攪拌器仔細攪拌均勻，即成麵糊。（圖 1）

02. 麵糊蓋上保鮮膜，靜置鬆弛 30 分鐘。

03. 平底鍋抹油，以小火預熱，舀入 1 大湯勺的麵糊蓋住鍋面。（圖 2）

04. 用平均的中火慢煎，煎到餅皮邊緣微微翻起，即可鏟出置於盤上，繼續製作下一片，直到麵糊用盡。（圖 3）

05. 製作醬汁：把醬汁材料的柳橙汁和柳橙果醬放入小湯鍋，以中火加熱，邊加熱邊攪拌，讓材料均勻混合，待材料沸騰後轉中心點小火繼續加熱，約 2 分鐘。（圖 4）（圖 5）

06. 最後倒入白蘭地，沸騰後關火，即成醬汁。（圖 6）

07. 把煎好的薄餅折成三角形片狀，放在盤子上，淋入煮好的醬汁即可。

剛起鍋的薄餅，
淋上柳橙醬汁，
漂亮又美味。

檸檬優格奶醬讓這道
薄餅的味道更優囉！

香水梨優格薄餅

Pear Yogurt Crepes

材料 Ingredients

香水梨 200 克、防潮糖粉 1 大匙

餅皮
篩過的低筋麵粉 100 克、細糖 20 克、
香草精 1/2 小匙、蛋 1 個、牛奶 200c.c.、
植物油 1 大匙、君度橙酒 1 小匙

醬料
檸檬優格奶醬 200 克（做法參照 P.16）

份量 Serve

5 片，直徑 26 公分的薄片餅皮

鬆餅 MEMO

香水梨是西洋梨的一種，表皮為綠
色，略帶不規則的腮紅圖案，吃起
來口感比西洋梨硬一點，香氣十足。

做法 How to Make

01. 香水梨洗淨，不去皮切小片。

02. 在攪拌盆中放入餅皮材料，用網狀攪拌器仔細攪拌均勻，即成麵糊。

03. 麵糊蓋上保鮮膜，靜置鬆弛 30 分鐘。

04. 平底鍋抹油，以小火預熱，舀入 1 大湯勺的麵糊蓋住鍋面。

05. 用平均的中火慢煎，煎到餅皮邊緣微微翻起，即可鏟出置於盤上，繼續製作下一片，直到
麵糊用盡。

06. 把餅皮攤開放在盤子上，每片餅皮抹 1 大匙檸檬優格奶醬後，把餅皮折成四方形，中間擺
放做法 *01*，最後撒上防潮糖粉即可。

英式奶油薄餅

Sauce Anglaise Crepes

味道相當高雅，簡簡單單的好滋味！

材料 Ingredients

餅皮
篩過的低筋麵粉 100 克、細糖 20 克、香草精 1/2 小匙、蛋 1 個、牛奶 200c.c.、植物油 1 大匙、君度橙酒 1 小匙

醬汁
英式奶油醬（做法參照 P.18）、防潮可可粉 1 大匙

份量 Serve

5 片，直徑 26 公分的薄片餅皮

鬆餅 MEMO

英式奶油醬是我個人特別喜歡的醬汁，質感不會太黏，稠度剛好，是最恰當的醬汁形態，入口有濃郁的奶香和大溪地香草的香氣。

做法 How to Make

01. 在攪拌盆中放入餅皮材料，用網狀攪拌器仔細攪拌均勻，即成麵糊。

02. 麵糊蓋上保鮮膜，靜置鬆弛 30 分鐘。

03. 平底鍋抹油，以小火預熱，舀入 1 大湯勺的麵糊蓋住鍋面。

04. 用平均的中火慢煎，煎到餅皮邊緣微微翻起，即可鏟出置於盤上，繼續製作下一片，直到麵糊用盡。

05. 把煎好的薄餅捲成雪茄狀，放在盤子上，在盤邊撒上可可粉，並淋上英式奶油醬即可。

層層疊起的蘭姆薄餅，
好吃好做又好玩。

栗子蘭姆薄餅

Chestnuts Rum Crepes

材料 Ingredients

防潮糖粉適量

餅皮
篩過的低筋麵粉 100 克、細糖 20 克、
香草精 1/2 小匙、蛋 1 個、牛奶 200c.c.、
植物油 1 大匙、君度橙酒 1 小匙

內餡
栗子 180 克

抹醬
香緹鮮奶油 200 克（做法參照 P.16）、
巧克力甘納許 200 克（做法參照 P.17）

份量 Serve

5 片，直徑 26 公分的薄片餅皮

鬆餅 MEMO

因為餅皮之間夾有栗子顆粒的關
係，這款薄餅最恰當的層疊高度約
8 層。如果夾餡是純粹的奶醬，則
可以疊到 12 層。在栗子盛產的季
節，我喜歡購買路邊的糖炒栗子，
剝開後放入冷凍庫保存，這麼一來，
一年四季都有香甜的栗子可以隨時
取用製作點心！

做法 How to Make

01. 栗子切碎。

02. 在攪拌盆中放入餅皮材料，用網狀攪拌
器仔細攪拌均勻，即成麵糊。

03. 麵糊蓋上保鮮膜，靜置鬆弛 30 分鐘。

04. 平底鍋抹油，以小火預熱，舀入 1 大湯勺
的麵糊蓋住鍋面。

05. 用平均的中火慢煎，煎到餅皮邊緣微微
翻起，即可鏟出置於盤上，繼續製作下
一片，直到麵糊用盡。

06. 製作抹醬：將鮮奶油和巧克力甘納許混
合拌勻，冷藏備用。（圖 1）

07. 將 6 寸圓盤蓋在餅皮上，用小刀切出邊
緣完整、尺寸相等的圓片。（圖 2）

08. 在餅皮上塗上抹醬，撒上 2 小匙栗子，
蓋上薄餅。（圖 3）（圖 4）（圖 5）

09. 反覆做法 08，將餅皮層層疊起，最後將
薄餅切成 4 等份擺在盤子上，撒上糖粉
即可食用。（圖 6）

哈密瓜檸檬卡士達薄餅

Melon & Lemon Custard Crepes

材料 Ingredients

餅皮

篩過的低筋麵粉 100 克、細糖 20 克、香草精 1/2 小匙、蛋 1 個、牛奶 200c.c.、植物油 1 大匙、君度橙酒 1 小匙

醬汁

卡士達醬 200 克（做法參照 P.19）、檸檬汁 2 小匙

配料

哈密瓜 1 顆

份量 Serve

5 片，直徑 26 公分的薄片餅皮

鬆餅 MEMO

挖球器是西餐廚房常常使用的工具之一，可以將食材挖成球狀，裝飾點心。想要把哈密瓜挖出漂亮的球狀外觀，祕訣是挑選熟透的瓜，挖下去的瞬間不要猶豫，立刻轉一圈，這樣一來，挖出的球各各都漂亮！

做法 How to Make

01. 哈密瓜切半，取出籽，用挖球器挖出一顆顆的果肉。

02. 卡士達醬加檸檬汁拌勻，備用。

03. 在攪拌盆中放入餅皮材料，用網狀攪拌器仔細攪拌均勻，即成麵糊。

04. 麵糊蓋上保鮮膜，靜置鬆弛 30 分鐘。

05. 平底鍋抹油，以小火預熱，舀入 1 大湯勺的麵糊蓋住鍋面。

06. 用平均的中火慢煎，煎到餅皮邊緣微微翻起，即可鏟出置於盤上，繼續製作下一片，直到麵糊用盡。

07. 在餅皮上塗上 1 大匙卡士達醬，折成甜筒狀，放在盤子上，表面再擺放做法 02。（圖1）（圖 2）（圖 3）

放上一顆顆的哈密
瓜，還有經典的卡士
達醬，甜蜜的一品。

Cook50131

咖啡館 style 鬆餅大集合

6 大種類 ×77 道，選擇最多、
材料變化最豐富！

作者	王安琪
攝影	廖家威
美術設計	鄭寧寧
編輯	呂瑞芸
校對	連玉瑩
企畫統籌	李橘
行銷企畫	石欣平
總編輯	莫少閒
出版者	朱雀文化事業有限公司
地址	台北市基隆路二段13-1號3樓
電話	02-2345-3868
傳真	02-2345-3828
劃撥帳	19234566 朱雀文化事業有限公司
e-mail	redbook@ms26.hinet.net
網址	http://redbook.com.tw
總經銷	大和書報圖書股份有限公司
	(02)8990-2588
ISBN	978-986-6029-41-7
初版四刷	2016.11
定價	300元
出版登記	北市業字第1403號

國家圖書館出版品預行編目

咖啡館style鬆餅大集合：6大種類×77道，
選擇最多、材料變化最豐富！／王安琪著
初版．台北市：朱雀文化
　面；公分．（Cook50；131）
ISBN　978-986-6029-41-7（平裝）
1. 食譜
427.16